中 等 职 业 学 校
建筑工程施工专业核心课程教材

ZHONGDENG ZH
JIANZHU GONGO
KECHENG JIAOO

U0607285

建筑施工组织与管理

JIANZHU SHIGONG ZUZHI YU GUANLI （第2版）

主　编■　胡庭婷　彭茂辉

副主编■　李　林　刘西洋

参　编■　周子明　张　毅　刘　萍　刘　影
　　　　　吴小凤　邹　玮　赖世林

主　审■　张　欣

重庆大学出版社

内容提要

本书是根据中等职业学校土建类相关专业教学计划和教学大纲及重庆市中等职业建筑工程施工专业人才培养指导方案的教学要求,并参照建筑行业的职业技能鉴定规范及中级技术工人等级考核标准编写的中等职业教育核心课程教材。

全书分为 4 个模块,共 17 个任务,主要内容包括施工组织概述及流水施工、网络计划技术、单位工程施工组织设计、施工项目管理等。每个任务后设置有思考与练习,每个模块后设置有考核与鉴定,可供学生复习和考核使用。

本书可作为中等职业学校建筑工程施工、建筑装饰、工程造价等建筑类专业教材,也可作为从事相关专业的工程技术人员及岗位培训人员的参考用书。

图书在版编目(CIP)数据

建筑施工组织与管理/胡庭婷,彭茂辉主编. --2
版. --重庆:重庆大学出版社,2023.10
中等职业学校建筑工程施工专业核心课程教材
ISBN 978-7-5689-3934-8

Ⅰ.①建… Ⅱ.①胡… ②彭… Ⅲ.①建筑工程—施
工组织—中等专业学校—教材 ②建筑工程—施工管理—中
等专业学校—教材 Ⅳ.①TU7

中国国家版本馆 CIP 数据核字(2023)第 212963 号

中等职业学校建筑工程施工专业核心课程教材

建筑施工组织与管理
(第 2 版)

主 编 胡庭婷 彭茂辉
副主编 李 林 刘西洋
主 审 张 欣
策划编辑:刘颖果

责任编辑:姜 凤 版式设计:刘颖果
责任校对:王 倩 责任印制:赵 晟

*

重庆大学出版社出版发行
出版人:陈晓阳
社址:重庆市沙坪坝区大学城西路 21 号
邮编:401331
电话:(023) 88617190 88617185(中小学)
传真:(023) 88617186 88617166
网址:http://www.cqup.com.cn
邮箱:fxk@ cqup.com.cn(营销中心)
全国新华书店经销
重庆恒昌印务有限公司印刷

*

开本:787mm×1092mm 1/16 印张:12 字数:301 千
2016 年 8 月第 1 版 2023 年 10 月第 2 版 2023 年 10 月第 8 次印刷
印数:13 301—16 300
ISBN 978-7-5689-3934-8 定价:36.00 元

编委会

序　言

党的二十大报告强调"办好人民满意的教育"，要求"统筹职业教育、高等教育、继续教育协同创新，推进职普融通、产教融合、科教融汇，优化职业教育类型定位"。中共中央、国务院印发了《扩大内需战略规划纲要(2022—2035 年)》提出"完善职业技术教育和培训体系，增强职业技术教育适应性"。职业教育发展面临新机遇、新挑战，教材建设成为重要的条件支撑。

建筑工程施工专业是中等职业教育中规模相对较大的专业，对支撑经济社会发展具有重要作用。在扩大内需的经济社会发展背景下，建筑业对专业人才培养提出新的更高的要求。重庆市土木水利类专业教学指导委员会和重庆市教育科学研究院，自觉承担历史使命，得到市教委大力支持和相关学校的鼎力配合，于 2013 年开始酝酿，2014 年总体规划设计，2015 年全面启动了中等职业教育建筑工程施工专业教学整体改革，以破解问题为切入点，努力实现统一核心课程设置、统一核心课程的课程标准、统一核心课程的教材、统一核心课程的数字化教学资源开发、统一核心课程的题库建设和统一核心课程的质量检测等"六统一"目标，进而大幅度提升人才培养质量，根本性改变"读不读一个样"的问题，持续性增强中等职业教育建筑工程施工专业的社会吸引力。

此次改革确定的 8 门核心课程分别是：建筑材料、建筑制图与识图、建筑 CAD、建筑工程测量、建筑构造、建筑施工技术、施工组织与管理、建筑工程安全与节能环保。此次改革既原则性遵循了教育部发布的建筑工程施工专业教学标准，又结合了重庆市的实际，体现了职业教育新的历史使命，还充分吸纳了相关学校实施国家中等职业教育改革发展示范学校建设计划项目的改革成果。

从编写创新方面讲，系列教材充分体现了"任务型"的特点，基本的体例为"模块+任务"。每个模块的组成分为 4 个部分：一是引言；二是学习目标；三是具体任务；四是考核与鉴定。每个任务的组成又分为 5 个部分：一是任务描述与分析；二是方法与步骤；三是知识与技能；四是拓展与提高；五是思考与练习。使用本系列教材，需要 3 个方面的配套行动：一是配套使用微课资源；二是配套使用考试题库；三是配套开展在线考试。建议的教学方法为"五环四步"，即每个模块按照"能力发展动员、基础能力诊断、能力发展训练、能力水平鉴定和能力教学反思"

5 个环节设计；每个任务按照"任务布置、协作行动、成果展示、学习评价"4 个步骤进行。

建立教材更新机制。在教材使用过程中，要根据建筑业的发展变化及中职教育办学定位的调整优化，在及时对接新知识、新技术、新工艺、新方法上下功夫，确保"材适其学、材适其教、材适其用"。本次修订充分吸纳了党和国家近年来的职业教育新政策和教材建设新理念。

本套教材的编写，实行编委会领导下的编者负责制，每本教材都附有编委会名单，同时署明具体编写人员姓名。在编写过程中，得到了重庆大学出版社、重庆浩元软件公司等单位的积极配合，在此深表感谢！

编委会执行副主任、研究员

谭绍华

2022 年 12 月

前言（第2版）

本书第 1 版于 2016 年 8 月出版,经过近 7 年的使用,该教材得到不少院校的认可,年使用量逐年递增。但随着我国建筑业改革发展的不断深入,《建筑工程项目管理规范》(GB/T 50326—2017)等国家规范的更新,作者在保持第 1 版任务型、实用性和新颖性等特点的基础上,在内容上做了以下修改:

(1)为更好落实立德树人根本任务,将工匠精神、职业素养贯穿于各模块任务中。

(2)根据本课程的通用学时安排,结合有关用书院校老师的反映,对相关模块的内容及习题在不影响本书知识结构逻辑性和体系完整性的前提下进行了适当修改与更换,使之更加实用。

(3)按照新的规范与规定,对相关内容进行了修改补充,对第 1 版的错误进行了修正。

(4)按照党的二十大报告"推进教育数字化"的要求,推进教育教学资源数字化工作,本书配套了教学 PPT、习题库、微课和动画等教学资源,并以二维码的形式植入相应内容处,以帮助读者更加清晰地理解知识点。

本书修订由重庆市轻工业学校胡庭婷拟定修订指导思想与要点,负责全书修订工作安排,并负责全书的统稿工作和前言。重庆市经贸中等专业学校刘西洋、重庆工商学校刘萍修订模块一,重庆市轻工业学校胡庭婷、刘影、邹玮修订模块二,重庆市渝北职教中心李林、赖世林及重庆市工商校吴小凤修订模块三,重庆市育才职教中心周子明、张毅修订模块四。本书第 2 版由胡庭婷、彭茂辉担任主编,由重庆工业职业技术学院建筑工程学院张欣院长担任主审。

在修订过程中,作者参阅和引用了大量书籍、文章和网络资料的新观点、新知识和新技术,在此向这些文献的作者致以诚挚的谢意。同时也向参加第 1 版编写工作的唐传平(重庆育才职教中心)、侯庆(永川职教中心)、高德强(永川职教中心)、刘钦平(重庆工商学校)老师表示感谢,正是由于他们先前付出的辛勤劳动,才使第 2 版的修订工作能在较短时间内完成。在本书修订过程中,重庆建工集团住建公司正高级工程师张意全程参与,并提供行业最新技术发展方向及 BIM 软件在施工组织与管理中的应用操作流程,在此表示感谢。

由于建筑工程施工组织与管理正处于发展时期,新的内容和问题还会不断出现,加之编者水平有限,书中难免有疏漏和不妥之处,恳请广大读者批评指正。

编 者
2023 年 6 月

前言（第1版）

"建筑施工组织与管理"是中等职业学校建筑工程施工专业的一门专业核心课程，适用于中等职业学校建筑工程施工专业，是从事现场施工、测量放线、安全管理、编制资料、工程材料管理及钢筋工、砌筑工等岗位工作的必修课程，其主要作用是使学生掌握施工组织与管理的基本概念、流水作业、网络计划、单位工程施工组织设计等知识，具备参与编制单位工程施工组织设计的能力。总课时为56学时。

本教材的前导课程有《建筑材料》《建筑构造》《建筑施工测量》《建筑制图与识图》，应与《建筑施工技术》《建筑工程安全与节能环保》同时开设，以全面提升中职建筑工程施工专业学生的专业能力。

本教材在编写过程中，参考了大量的教材开发成果，集各家所长，在此基础上，基于任务型职业教育教材编写的理念，采用"模块+任务"的形式表现知识点，每个模块后面有"考核与鉴定"试题。教学过程中，建议采用模块任务教学法、分组学习法，实行工学结合的人才培养模式和情景再现的形式教学。

本教材包括4个模块，共17个具体任务。

模块一为流水施工，包括5个任务，分别是：分解施工过程、划分施工段、组织工作班组、计算各个工序持续时间、编制施工进度计划横道图。该模块主要由刘西洋、刘钦平编写。建议课时为12学时。

模块二为网络计划技术，包括4个任务，分别是：了解施工进度计划的表达方式、绘制双代号网络计划、掌握双代号网络计划时间参数计算方法、编制施工进度计划。该模块主要由胡庭婷、谭焰宇、刘钦平编写。建议课时为14学时。

模块三为单位工程施工组织设计，包括5个任务，分别是：工程概况和工程施工特点分析、施工方案和施工方法选择、编制合理的单位施工进度计划、制订各项资源需要量计划及单位工程施工准备工作计划、绘制单位工程施工平面图。该模块主要由侯庆、高德强、刘钦平编写。建议课时为16学时。

模块四为施工项目管理，包括3个任务，分别是：了解施工项目管理的基本知识、施工现场准备与技术管理、施工项目质量控制与验收。该模块由唐传平编写。建议课时为14学时。

教材在编写过程中，参阅了有关部门编制和发布的文件，参考并引用了相关专业人士编写的书籍和资料，在这里谨向这些文献的作者表示衷心的感谢。

由于编者学识有限，书中不足和疏漏之处在所难免，恳请广大教师和学生将意见和建议通过重庆大学出版社等途径反馈给我们，以便在后续版本中不断改进和完善。

编　者
2016 年 5 月

目 录

模块一　施工组织概述及流水施工

　　日常生活中,我们见到的一个小区、一座大桥、一条公路、一座水利大坝等工程,可以称为项目工程。这些项目工程是如何建成、如何组织施工的? 这就涉及施工组织管理的问题。

　　实践证明,在建筑工程施工组织管理中,以分工协作、分段作业为基础的流水施工是组织建筑工程施工科学有效的管理方法。在工程施工中,流水施工的进度计划一般用横道图和网络计划图表达。本模块主要有五个任务,即了解施工组织相关的基本知识、认识流水施工、计算流水施工的主要参数、掌握流水施工的组织方式及流水施工的具体应用。

 ## 学习目标

(一)知识目标

1.能理解建设项目的概念及组成、基本建设程序、建筑施工程序;
2.能理解组织流水施工的基本条件及流水施工的组织方式;
3.能掌握流水施工组织方式的类型及适用范围;
4.能理解施工组织设计的概念、任务及作用;
5.能熟悉施工组织设计的基本原则及内容。

(二)技能目标

1.能正确识读横道图进度计划;
2.能熟练计算流水施工的工期和流水步距;
3.能正确编制分部分项工程施工进度计划;
4.能正确绘制流水施工横道图。

(三)素养目标

1.通过学习施工组织的相关知识,养成谨慎细致的学习习惯和良好的职业道德;
2.通过学习流水施工,养成善于规划、讲原则、守底线的人生观。

任务一 认识施工组织相关的基本知识

 任务描述与分析

　　施工组织是研究各种不同类型的工业与民用建筑、道路、桥梁工程施工活动及其组织规律的科学。组织建筑工程施工必须遵循施工的客观规律,采用现代科学和方法,对建筑工程施工过程及有关工作进行统筹规划、合理组织及协调控制,以实现土木工程施工最优化的目标。本任务的具体要求是理解建设项目的概念及组成、基本建设程序、施工组织设计的基本概念和原则等,从而养成严谨认真、讲原则的职业习惯。

 知识与技能

(一)建设项目的概念及组成

1. 项目及其特征

1)项目的概念

　　项目是指在一定的约束条件(如限定时间、限定资源和限定质量标准等)下,具有特定的明确目标和完整的组织结构的一次性任务或活动,如开发项目、建设工程项目等。

2)项目的主要特征

　　(1)项目的单件性或一次性。每个项目不能批量生产,只能对它进行单件生产,这是项目主要的特征。

　　(2)目标的明确性。项目的功能、期限、费用、质量都是明确的。

　　(3)管理对象的整体性。一个项目是一个整体管理对象,也是一个管理系统。在配置生产要素时,必须以总体效益的提高为标准,做到数量、质量、结构的总体优化。内外环境是变化的,所以管理和生产要素的配置也是动态的。

2. 建设项目

1)建设项目的概念

　　建设项目是以项目业主为管理主体,以形成固定资产为目的的建设工程项目。建设项目分为基本建设项目和更新改造项目。

　　基本建设项目是指新建、扩建、改建等扩大生产能力的项目。更新改造项目是指企业、事业单位对原有设施进行技术改造或固定资产更新,以及相应配套的辅助性生产生活福利等工程和相关工作。

2)建设项目的组成

　　建设项目可分解为单项工程、单位工程、分部工程和分项工程。

（1）建设项目：也称基本建设项目或投资项目，是指行政上具有独立的组织形式，经济上进行独立的核算，经过批准按照一定总体设计进行施工的建设案件。例如，一所学校、一个医院、一个工厂等。

（2）单项工程：也称工程项目，是指具有独立的设计文件，竣工后可以独立发挥生产能力或工程效益的项目。一个建设项目可以是一个单项工程，也可以是若干个单项工程。例如，某学校的教学楼、学生宿舍楼、某工厂的各个车间等。

（3）单位工程：是指具有独立的施工图、设计文件，可以独立组织施工，但完工后不能独立发挥生产能力或工程效益的工程，是构成单项工程的组成部分。例如，一栋办公楼的土建工程是一个单位工程，安装工程也是一个单位工程等。

（4）分部工程：一般是按单位工程的结构形式、工程部位、构件性质、使用材料、设备种类的不同而划分的工程项目。例如，按其房屋结构部位，房屋土建单位工程可划分为基础工程、主体结构工程、屋面工程、装饰工程等；按照工种不同，土建工程可划分为土石方工程、桩基础工程、混凝土及钢筋混凝土工程、脚手架工程、楼地面工程、屋面及防水工程等；又如，电气照明工程可划分为配管安装、穿线配线安装、灯具安装等分部工程。

（5）分项工程：一个分部工程由若干个分项工程组成。分项工程一般按不同施工方法、不同材料及不同结构构件规格等因素，进一步划分分部工程，用较为简单的施工过程就能完成。例如，土石方工程包括场地平整、基坑（槽）与管沟开挖、路基开挖、人防工程开挖以及基坑回填。

3）建设项目的特点

（1）建筑产品的特点。

①总体性和多样性。建筑产品是由许多材料、半成品和产成品经加工装配而形成的综合体，同时建筑产品种类较多，很少有相同的。

②固定性。建筑产品不论在生产过程中，还是在使用过程中，只能在固定的地点建造和使用，不能移动。

③复杂性。体型庞大，结构复杂。

④单件性。建筑产品千差万别，具有明显的单件性。

⑤使用寿命长。合格产品使用寿命少则几十年，多则数百年。

（2）建筑产品生产过程的特点。

①生产过程的连续性和协作性。工程建设的各阶段、各环节和各协作单位，在时间上不间断，在空间上不脱节，使建筑产品的生产过程顺利进行。

②施工的流动性。同一件产品的生产过程中，工人、材料和机械只能在各部位之间流动。同样，建筑产品固定在使用地点，工人、材料、机械也只能在各建筑产品之间流动。

③受自然和社会条件制约性强。工程建设受地形、地区、水文、气象等自然因素，以及材料、水电、交通、生活、经济、风俗等社会条件制约。

④不能批量生产。由于每一个项目建筑产品都必须进行单独设计和施工，因此不能批量生产。

⑤生产周期长。建筑产品生产周期一般较长，少则数月，多则几年甚至数十年。

4）施工项目

施工项目是施工企业自施工投标开始到保修期结束的全过程项目，是一次性施工任务。

它可以是建设项目的施工,也可以是其中的一个单项工程或单位工程的施工。

(二)基本建设程序

1.基本建设的概念

基本建设是指利用国家预算内资金、自筹资金、国内外基本建设贷款或其他专用资金,以扩大生产能力或新增工程效益为主要目的的新建、扩建工程及有关工作。总之,基本建设就是固定资产的生产。

基本建设程序是指工程从计划、决策、施工到竣工验收、交付使用的全过程中,各项工程必须遵循的先后顺序。

现行的基本建设程序可概括为以下8个阶段:

①项目建议书阶段;

②可行性研究阶段;

③工程设计阶段;

④施工准备(包括招标、投标)阶段;

⑤建设实施阶段;

⑥生产准备阶段;

⑦竣工验收阶段;

⑧评价阶段。

上述8个阶段可概括为3大阶段:项目决策阶段,以可行性研究为中心;工程准备阶段,以勘测设计为中心;工程实施阶段,以工程的建筑安装活动为中心。前两个阶段统称为前期工作。

2.基本建设程序各阶段的具体内容

1)项目建议书阶段

项目建议书阶段是建设某一具体项目的建设性文件,是投资决策前对拟建项目的轮廓设想,主要从宏观上衡量分析项目建设的必要性和可行性,即分析其建设条件是否具备,是否值得投入资金和人力。

项目建议书的内容,一般包括以下5个方面:

①建设项目提出的必要性和依据;

②拟建工程规模和建设地点的初步设想;

③资源情况、建设条件、协作关系等的初步分析;

④投资估算和资金筹措的初步设想;

⑤经济效益和社会效益的分析论证。

2)可行性研究阶段

可行性研究阶段是项目决策阶段的核心,关系到建设项目的成败,必须作出科学的评价,包括可行性研究、编制可行性研究报告、审批可行性研究报告和成立项目法人四大环节。

(1)可行性研究。项目建议书经批准后,即可着手进行可行性研究工作,主要包括以下内容:

①建设项目提出的背景和依据；

②建设规模、产品方案；

③技术工艺、主要设备、建设标准；

④资源、原材料、燃料供应、动力、运输、供水等协作配合条件；

⑤建设地点、场地布置方案、占地面积；

⑥项目设计方案、协作配套工程；

⑦环保、防震等要求；

⑧劳动定员和人员培训；

⑨建设工期、实施进度以及投资估算和资金筹措方式；

⑩经济效益和社会效益分析。

（2）编制可行性研究报告。所有基本建设项目都要在可行性研究的基础上，选择技术水平高、经济效益好的方案编制可行性研究报告。

（3）审批可行性研究报告。必须严格按照审批权限报批。

（4）成立项目法人。大中型和限额以上的项目，在可行性研究报告经批准后，可根据实际需要组建成立项目法人。成立项目法人后，应按项目法人责任制实施项目管理。

3）工程设计阶段

可行性研究报告经批准的建设项目，一般由项目法人委托或通过招标选择具有相应资质的设计单位，由其按照批准的可行性研究报告内容和要求进行设计，编制设计文件。

大中型建设项目，一般采用两阶段设计，即初步设计和施工图设计；重大项目和技术复杂的项目，可根据不同行业的特点和需要，采用三阶段设计，即增加技术设计阶段。

（1）初步设计。初步设计阶段的任务是进一步论证此项目的技术可行性和经济合理性，解决工程建设中重要的技术和经济问题，确定建筑物形式、主要尺寸、施工方法、总体布置，编制施工组织设计和设计概算。

（2）施工图设计。施工图设计是按照初步设计所确定的设计原则、结构方案和控制尺寸，根据建筑安装工作的需要，分期分批绘制出工程施工图，提供给施工单位，据此施工。

4）施工准备阶段

（1）施工准备工作的内容。项目在主体工程开工前，必须完成各项施工准备工作。施工准备工作的主要内容包括：

①施工现场的征地拆迁工作已基本完成；

②施工用水、电、通信、道路和场地平整已完成；

③必需的生产、生活、临时建筑工程已满足要求；

④生产物资准备和生产组织准备已满足要求；

⑤组织建设监理和主体工程招标、投标，并择优选定建设监理单位和施工承包单位。

（2）办理开工报建手续。施工准备工作开始前，项目法人或其代理机构须依照国家或有关单位的管理规定，以工程建设项目的有关批准文件为依据，向主管部门办理报建手续。工程项目进行项目报建登记后，方可组织施工准备工作。

施工准备基本就绪后，应由建设单位上报开工报告，经批准后才能开工。根据国家规定，大中型建设项目的开工报告要由国家发改委批准。项目报批开工前，必须由审计机关对项目的有关内容进行审计证明,对项目的资金来源落实、项目开工前的各项支出是否符合国家有关规定等进行审计。

5)建设实施阶段

建设实施阶段是基本建设程序中历时最长、工作量最大、资源消耗最多的阶段,是对生产全过程进行组织管理的关键阶段。

在建设实施阶段,应遵循以下4点:

①项目法人按照批准的建设文件,精心组织工程建设全过程,保证项目建设目标的实现;

②项目法人或其代理机构,必须按审批权限,向主管部门提出主体工程开工申请报告,经批准后,主体工程方可正式开工;

③项目法人要充分发挥建设管理的主导作用,为施工创造良好的建设条件;

④在建设施工阶段,按照"政府监督、项目法人负责、社会监理、企业保证"的要求,建立健全质量保证体系,确保工程质量。

6)生产准备阶段

生产准备阶段是项目投产前要进行的一项重要工作,是建设阶段基本完成后转入生产经营的必要条件。项目法人应按项目法人责任制的要求,适时做好有关生产准备工作。生产准备工作一般应包括以下主要内容:

①生产组织准备;

②招收培训人员;

③生产技术准备;

④生产物资准备。

7)竣工验收阶段

竣工验收阶段是工程完成建设目标的标志,是全面考核基本建设成果、检验设计和工程质量的重要步骤,是一项严肃、认真、细致的技术工作。竣工验收合格的项目,方可转入生产或使用。

当建设项目的建设内容全部完成,并经过单位工程验收符合设计要求,工程档案资料按规定整理齐全,完成竣工报告、竣工决算等必需文件的编制后,项目法人应按照规定向验收主管部门提出申请,根据国家或行业颁布的验收规程组织验收。

8)评价阶段

建设项目的后评价阶段,是基本建设程序中新增加的一项重要内容。建设项目竣工投产(或使用)后,一般经过1~2年的生产运营,要进行一次系统的项目评价。项目后评价一般分为项目法人的自我评价、项目行业的评价、计划部门(或主要投资方)的评价3个层次。建设项目后评价主要包括影响评价、经济效益评价、过程评价3个方面的内容。

3.建筑施工程序

建筑施工程序是拟建工程项目在整个施工阶段中必须遵循的先后次序和客观规律。通常分为3个阶段进行,即施工准备阶段、施工过程阶段、竣工验收阶段。建筑施工程序一般分为以下5个步骤:

①承接施工任务,签订施工合同;

②全面统筹安排,做好施工规划;

③落实施工准备,提出开工报告;

④精心组织施工,加强科学管理;

⑤进行工程竣工验收,交付使用。

(三)施工组织设计

1.施工组织设计的概念

施工组织设计是对拟建工程的施工提出全面规划、部署、组织计划的一种技术经济文件,是进行施工准备及指导施工的依据。

对于某工程的施工组织设计而言,施工前必须考虑和提出一系列问题的解决办法。例如,工程所在地区的自然条件及技术经济条件、工程具体地点的建设环境、工程地质情况;熟悉设计图纸,确定拟建工程的基础形式、主体结构形式、跨度及开间尺寸、地面构造、屋面形式、围护结构形式及施工方法等;工程的施工顺序、施工进度、人力资源、物料和机械设备如何均衡使用等施工进度计划问题;施工现场布置、占用面积以及各类物资、设备、临时设施等;整个工程需要的各类工人、材料、构配件、机械设备、工具器具等资源供应问题;施工中,工程质量、节约成本、安全文明施工等施工技术组织与管理措施问题。

以上各种问题一般都可能有几种方案供选择,要根据方案的先进性、经济性和合理性,结合项目施工条件和工作特点选择最优方案。对这些方案应全盘考虑,平衡协调后,用图、表、文字加以表达,编制成册,作为施工全过程的指导文件,这样的文件称为施工组织设计。

2.施工组织设计的作用

施工组织设计是对施工活动实行科学管理的重要手段。编制施工组织设计,可根据施工的各种具体条件制订拟建工程的施工方案,确定施工顺序、施工方法、劳动组织和技术组织措施;可以确定施工进度,保证拟建工程按照确定的工期完成;在开工前确定所需材料、机具和人力的数量及使用的先后顺序;可以合理安排临时建筑物和构筑物,并与材料、机具等一起在施工现场合理布置;预测施工中可能发生的各种情况,做好预案工作;把设计与施工、技术与经济,以及整个施工单位的施工安排和具体工程的施工组织更紧密地联系起来,把施工中各单位、各部门、各阶段、各建筑物之间的关系更好地协调起来。

3.施工组织设计的分类

根据设计阶段,编制的广度、深度和具体作用不同,施工组织设计可分为施工组织规划设计、施工组织总设计、单位工程施工组织设计和分部(分项)工程施工组织设计。

1)施工组织规划设计

施工组织规划设计是在扩大初步设计阶段编制的,其主要目的是根据具体建设条件、资源条件、技术条件和经济条件,作出一个整体基本轮廓的施工规划,肯定拟建工程在建设指定地点和规定期限内进行建设的技术可行性和经济合理性,为审批设计文件时提供参考和依据,使建设单位据此进行初步的准备工作,并可作为施工组织总设计的编制依据。

施工组织规划设计为确定年度投资计划、组织物资供应、进行施工现场的准备工作、工程的开展总进度、主要工程的施工方法等重大问题作出全面和原则性的安排。

2）施工组织总设计

施工组织总设计是以一个建设项目或一个建筑群为编制对象，用以指导整个建设项目或建筑施工全过程和各项活动的技术、经济和组织的综合性文件。它是整个拟建项目施工的战略性部署安排，涉及范围较广，内容概括较全面。其目的是对工地组织施工进行全面规划、统筹安排，以便对拟建工程项目确定施工工期、明确施工顺序、编制施工方案以及组织施工物资供应，进行全场性布置等。它是一个全局性的施工指导文件，是单位工程施工组织设计和制订年度施工计划的重要依据。

施工组织总设计是根据批准的初步设计或扩大初步设计及现场施工条件，由拟建工程项目总承包单位负责，会同建设、设计、监理和有关分包单位共同编制完成。

3）单位工程施工组织设计

单位工程施工组织设计是以单位工程为主要对象而编制的，用以具体指导施工过程中各项活动的技术、经济和组织的文件。其目的是对拟建工程的施工作一个战术性部署，从一个具体工程项目角度出发，具体安排劳动力、物资供应，确定施工方案以及施工进度计划、施工现场准备与布置等。它是施工单位编制施工作业计划、制订进度和季度施工计划的依据。

单位工程施工组织设计一般是在施工图设计完成并交底、会审后，根据施工组织总设计要求和现场条件，由施工单位负责组织编制。

4）分部（分项）工程施工组织设计

分部（分项）工程施工组织设计是以特别重要的或技术复杂的或缺乏施工经验的分部（分项）工程为对象而编制的，用以具体指导和安排该分部（分项）工程施工作业的完成。它是直接指导现场施工和编制月、旬作业计划的依据，它所阐述的施工方法、施工进度和施工措施应详尽具体。

4. 单位工程施工组织设计的内容

一般情况下，单位工程施工组织设计主要包括以下内容：

①工程概况及施工特点；

②施工部署或施工方案的选择；

③施工准备计划；

④施工进度计划；

⑤各项资源需求量及供应计划；

⑥施工现场平面布置图；

⑦主要施工技术及组织措施；

⑧各项主要技术经济指标。

（四）编制施工组织设计的基本原则及贯彻执行

1. 编制施工组织设计的基本原则

编制施工组织设计和组织施工时，应遵循下列各项原则：

①认真贯彻执行国家对基本建设的各项方针、政策和法律法规，严格执行基本建设程序；

②科学合理地按照施工程序安排施工顺序；

③尽量采用流水作业法及网络计划技术组织施工；

④恰当安排冬、雨季施工项目；

⑤因地制宜地推广先进的施工技术与管理方法；

⑥综合平衡，连续均衡施工；

⑦在保证质量和安全的前提下，努力提高生产效益，加快施工进度，缩短建设工期，获得最大的经济效益；

⑧加强施工总平面规划和管理，合理布置施工现场，节约施工用地，做好场容管理，组织文明、环保施工；

⑨坚持质量第一，重视安全施工，认真制订保证施工质量和安全生产的措施；

⑩加强经济核算，贯彻增产节约的方针，降低工程成本。

2. 施工组织设计的贯彻执行

没有批准的施工组织设计或未编制施工组织设计的工程建设项目，一律不准开工。一经批准的施工组织设计必须认真执行。

对施工现场各项准备工作与施工活动，各级技术负责人要根据批准的施工组织设计，认真及时地向执行单位的有关施工人员交底，使他们了解其基本内容和要求及有关事宜。交底应有记录，严防走过场。项目经理和各级技术负责人是实现施工组织设计的组织者，应认真贯彻批准的施工组织设计。生产计划、技术人员和工人的安排，以及物资供应和各加工单位或部门，也必须按照施工组织设计的规定认真安排各自的工作。

如果施工条件发生变化，施工方案有重大变更等，那么施工组织设计应及时修改或补充，经批准后，按修改方案执行。

在执行过程中，应随时检查，及时发现问题，及时解决。凡不认真执行者，要批评教育；造成事故的，应追究责任。

 ## 思考与练习

（一）单项选择题

1.建筑产品生产过程联系面广、综合性强是由于建筑产品的（　　）。

　　A.固定性　　　　B.多样性　　　　C.体积庞大　　　　D.生产周期长

2.工程的自然条件资料有（　　）。

　　A.交通运输　　　B.供水供电条件　C.地方资源　　　　D.地形资料

3.建设工程的最后一道程序是（　　）。

　　A.竣工验收　　　B.试生产　　　　C.工程完工　　　　D.保修期

4.建筑施工的流动性是由建筑产品的（　　）决定的。

　　A.固定性　　　　B.多样性　　　　C.庞体性　　　　　D.复杂性

5.在项目的实施阶段，项目的总进度不包括（　　）。

　　A.设计工作进度　　　　　　　　　B.招标工作进度

　　C.编制可行性研究报告进度　　　　D.工程施工和设备安装进度

6.具有独立的施工图纸并能单独设计施工的工程称为(　　　)。

    A.建设项目　　　　B.单项工程　　　　C.单位工程　　　　D.分部分项工程

7.在建设工程项目施工中处于中心地位,对建设工程项目施工负有全面管理责任的是(　　　)。

    A.施工现场业主代表　　　　　　　　B.项目总监理工程师

    C.施工企业项目经理　　　　　　　　D.施工现场技术负责人

8.单位工程施工组织设计是以单位工程为对象编制的,在施工组织总设计的指导下,由直接组织施工的单位根据(　　　)进行编制。

    A.施工方案　　　　B.施工计划　　　　C.施工图设计　　　　D.施工部署

9.不属于工地运输方式的是(　　　)。

    A.铁路运输　　　　B.水路运输　　　　C.汽车运输　　　　D.空运

10.施工项目的管理主体是(　　　)。

    A.建设单位　　　　B.设计单位　　　　C.监理单位　　　　D.施工单位

(二)多项选择题

1.单位工程施工组织设计编制的依据有(　　　)。

    A.经过会审的施工图　　　　　　B.施工现场的勘测资料

    C.建设单位的总投资计划　　　　D.施工企业年度施工计划

    E.施工组织总设计

2.组织施工应抓好(　　　)环节。

    A.投资　　　B.计划　　　C.设计　　　D.施工　　　E.勘察

3.设计和布置单位工程施工平面图所依据的资料主要有(　　　)等。

    A.建筑设计资料　　　　　　B.施工进度计划

    C.施工方案　　　　　　　　D.施工招标文件

    E.施工监理规划

4.建设单位施工准备工作的内容不包括(　　　)等。

    A.征地拆迁　　　　　　　　B.报建手续办理

    C.施工项目管理规划编制　　D.施工方案确定

    E.施工许可证办理

5.建筑产品的体积庞大,造成建筑施工生产周期长、综合性强、露天作业多,因此(　　　)。

    A.使用材料数量大、品种规格多　　B.受自然条件影响大

    C.材料垂直运输量大　　　　　　　D.容易产生质量问题

    E.容易发生安全事故

(三)判断题

1.因为建筑工程产品是固定的,所以生产也是固定的。　　　　　　　　　　(　　)

2.施工准备工作具有阶段性,必须在拟建工程开工前完成。　　　　　　　　(　　)

3.施工组织总设计是以一个单位工程项目为编制对象的指导施工全过程的文件。(　　)

4.施工平面布置图设计的原则之一,应尽量降低临设的费用,充分利用已有的房屋、道

路、管线。　　　　　　　　　　　　　　　　　　　　　　　　　　　（　　）

5.施工准备工作应有计划、有步骤、分期、分阶段地进行,施工准备工作应贯穿于整个施工过程。　　　　　　　　　　　　　　　　　　　　　　　　　　　　（　　）

(四)问答题

1.建设程序包括哪些内容?

2.建筑产品的特点有哪些?

3.建筑施工的特点有哪些?

4.施工组织设计的分类有哪些?

任务二　认识流水施工组织方式

任务描述与分析

　　流水施工是工程项目组织实施的一种管理形式,是由固定组织的工人在若干个工作性质相同的施工环境中依次连续工作的一种施工组织方法。工程施工中,可以采用依次施工、平行施工和流水施工等组织方式。对相同的施工对象,当采用不同的施工组织方式时,其效果也各不相同。本任务的具体要求是掌握组织流水施工的方法与步骤,能说出依次施工、平行施工和流水施工3种施工组织方式的特点,并能针对不同的建设项目,因地制宜地选择适合的施工组织方式。

知识与技能

(一)流水施工进度计划的表达形式

1.横道图

　　横道图又称为甘特图,它是以图示的方式通过活动列表和时间刻度形象地表示出任何特定项目的活动顺序与持续时间。横道图分左右两边,左边是横道图的表头,为各施工过程(或施工段)名称;右边是时间表格,用于表示项目进展。横道图的纵坐标为按一定顺序排列的施工过程的名称,横坐标是时间。在此坐标系中,用一系列水平线段表示施工进度,水平线段的长度和位置分别表示某施工过程在某个施工段上的起止时间和先后顺序。图1.1—图1.5所示均为横道图。

　　根据横道图的使用要求,施工过程(工作)可按时间先后、责任、项目对象、同类资源等进行排序。按照所表示工作的详细程度,时间单位可以为小时、天、周、月等。

2.网络图

　　网络图的表达形式详见"模块二　网络计划技术"。

（二）施工组织方式

施工组织方式

组织施工作业的方式主要有依次施工、平行施工、流水施工 3 种。下面举例说明不同施工组织方式的特点。

【例 1.1】 有 4 幢相同的砖混结构房屋的基础工程，其施工过程及工程量、劳动定额等有关数据见表 1.1。现以一幢房屋为一个施工段（施工区段），分别采用依次施工、平行施工、流水施工方式组织施工。

表 1.1 一幢房屋的基础工程施工过程及其工程量、工作天数等指标

施工过程	工程量		时间定额	劳动量/工日		人数	工作班次	工作天数	工 种
	数 量	单 位		计算用工	计划用工				
基槽挖土	143	m³	0.421	60.2	60	30	1	2	普工
混凝土垫层	23	m³	0.810	18.6	20	20	1	1	普工
砌砖基础	71	m³	0.937	66.5	66	22	1	3	普工
基槽回填土	42	m³	0.200	8.4	8	8	1	1	普工

1.依次施工

依次施工又称为顺序施工，是指按施工段的顺序（或施工过程的顺序）依次开始施工，并依次完成各施工区域内所有施工过程的施工组织方式。依次施工通常有按施工段（或幢号）依次施工和按施工过程依次施工两种形式。

1）按施工段（或幢号）依次施工

这种依次施工是指一个施工段（或幢号）内的各施工过程按施工顺序先后完成后，再依次完成其他各施工段（或幢号）内各施工过程的施工组织方式。其施工进度计划的横道图如图 1.1 所示，图中的横向为施工进度日程，以"天"为时间单位；纵向为按施工顺序排列的施工过程。

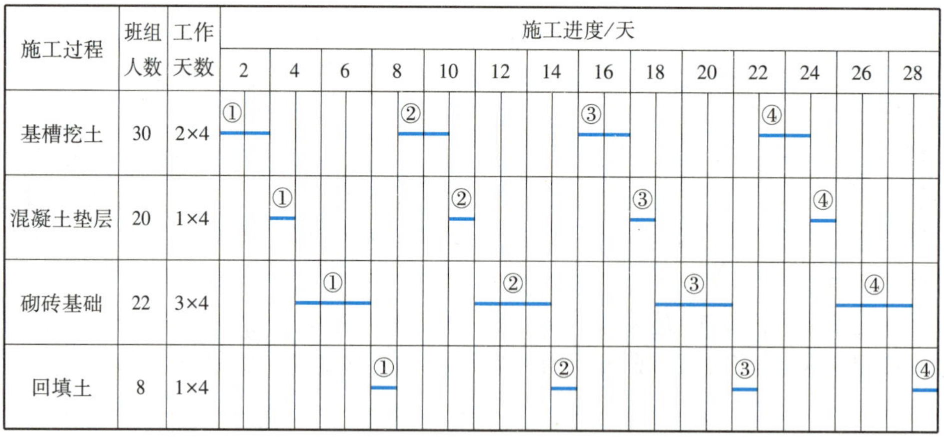

施工过程	班组人数	工作天数	施工进度/天												
			2	4	6	8	10	12	14	16	18	20	22	24	26	28
基槽挖土	30	2×4	①		②			③			④		
混凝土垫层	20	1×4		①		②			③			④	
砌砖基础	22	3×4		①			②			③			④	
回填土	8	1×4			①		②			③			④

图 1.1 按施工段（或幢号）依次施工的横道图

例 1.1 中,若用 t_i 代表一幢房屋内某一施工过程的工作持续时间,则完成该幢房屋各施工过程所需的工作持续时间之和为 $\sum t_i$,完成 m 幢同样房屋的某一个施工过程所需的工作持续时间 T(即总工期)的计算式为:

$$T = m \sum t_i \tag{1.1}$$

将数值代入式(1.1)得:$T = [4 \times (2+1+3+1)]$ 天 $= 28$ 天。

2)按施工过程依次施工

这种依次施工是指按施工段(或幢号)的先后顺序,先依次完成每个施工段(或幢号)内的第一个施工过程,再依次完成其他施工过程的施工组织方式。其施工进度计划横道图如图 1.2 所示。完成 m 幢同样房屋的某一个施工过程所需的工作持续时间为 mt,则完成 m 幢同样房屋所有施工过程需要的总工期 T 的计算式为:

$$T = \sum mt_i \tag{1.2}$$

将数值代入式(1.2)得:$T = (4 \times 2 + 4 \times 1 + 4 \times 3 + 4 \times 1)$ 天 $= (8 + 4 + 12 + 4)$ 天 $= 28$ 天。

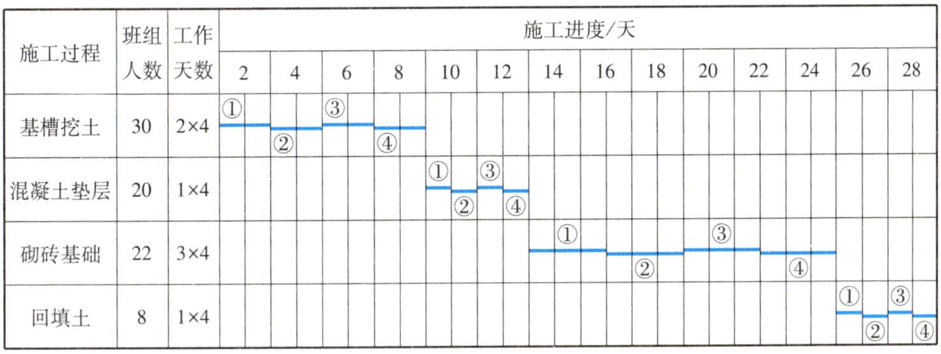

施工过程	班组人数	工作天数	施工进度/天													
			2	4	6	8	10	12	14	16	18	20	22	24	26	28
基槽挖土	30	2×4	①	②	③	④										
混凝土垫层	20	1×4					①②	③④								
砌砖基础	22	3×4							①		②	③		④		
回填土	8	1×4													①②	③④

图 1.2　按施工过程依次施工的横道图

3)依次施工的特点

从图 1.1 和图 1.2 中可以看出,依次施工的最大优点是:每天只有一个施工班组施工,每天投入的劳动力少,机具设备少,材料供应比较单一,施工管理简单,便于组织和安排。因此,当拟建工程的规模较小,附近又没有类似的拟建工程,致使施工工作面有限时,可以采用依次施工的组织方式。

依次施工的缺点也显而易见:按幢号依次施工时,虽可较早地完成一幢房屋的施工,但各施工班组的施工和材料供应均无法连续均衡,会导致工人窝工;按施工过程依次施工时,各施工班组虽能连续施工,但不能充分利用工作面,致使完成 m 幢房屋的总施工时间延长。由此可见,采用依次施工不但不能充分利用工作面,造成工人窝工,而且还会拖延工程的总工期。

2.平行施工

平行施工是指拟建工程的各施工段(或各幢号)均同时开工,再按各施工过程的工艺顺序先后施工,最后同时完工的施工组织方式。其施工进度计划横道图如图 1.3 所示。

例 1.1 中的 4 幢基础工程,采用平行施工时,工程总工期 T 的计算式为:

$$T = m \sum t_i \tag{1.3}$$

将数值代入式(1.3)得:$T = (2+1+3+1)$ 天 $= 7$ 天。

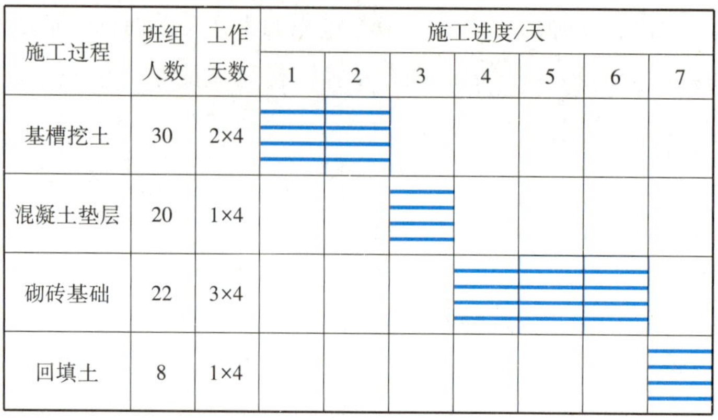

施工过程	班组人数	工作天数	施工进度/天						
			1	2	3	4	5	6	7
基槽挖土	30	2×4	▬▬	▬▬					
混凝土垫层	20	1×4			▬				
砌砖基础	22	3×4				▬▬▬	▬▬▬	▬▬▬	
回填土	8	1×4							▬

图 1.3　平行施工横道图

从图 1.3 中可以看出,平行施工的最大优点是:能充分利用工作面,从而缩短施工工期。但其最大的缺点是:工期的缩短完全是依靠工作组数量的成倍增加而实现的(每个施工班组的人数不变),同时施工机械设备相应增加,材料供应更集中,临时设施、仓库堆场面积要增加,不仅造成施工管理费等间接费用增加,还会使施工组织安排和施工管理困难。另外,如果工程的规模不大,拟建工程的施工任务不多或工期要求不紧,大批工人完工或需要转移其他工地的次数更频繁或没有活可干,这都会增加因工人转移或窝工造成的损失,使工程成本成倍增加。

因此,一般情况下不采用平行施工,只有工期要求很紧的重点工程、能分期分批组织施工的工程和大规模的建筑群工程,并在各方面的资源供应有保障的前提下,才采用平行施工的组织方式。

3.流水施工

流水施工是指将拟建工程在平面和空间划分为若干个施工区域(或施工层),并将其建造过程按施工工艺顺序划分成若干个施工过程,使所有施工过程按一定的时间间隔依次投入施工,各施工过程陆续开工、陆续竣工,使同一施工过程的施工班组在各施工段之间保持连续、均衡施工,不同施工过程尽可能平行搭接施工的组织方式。流水施工的实质就是连续作业,组织均衡施工,其施工进度计划横道图如图 1.4 所示。

例 1.1 中的 4 幢基础工程采用流水施工时,工程总工期 T 的计算式为:

$$T = \sum K_{i,i+1} + T_n \tag{1.4}$$

式中　$K_{i,i+1}$——所有相邻施工过程进入流水施工时的间隔时间之和;

T_n——最后一个施工过程在各个施工段上工作持续时间的总和。

将图中有关数值代入式(1.4)得:T=(5+1+9)天+4×1 天=15 天+4 天=19 天。

从图 1.4 中可以看出,流水施工所需的时间比依次施工短,各施工过程投入的劳动力比平行施工少;各施工班组的施工机具和物质资源的消耗具有连续性和均衡性,前后施工过程尽可能平行搭接施工,比较充分利用了施工工作面;机具、设备、临时设施等比平行施工少,材料等组织供应较均匀。

流水施工组织方式的优点是:保证了各施工班组的工作和物质资源的消耗具有连续性和均衡性,能消除依次施工和平行施工方法的缺点,同时保留了它们的优点。如图 1.4 所示的流水施工组织方式,工作面仍未充分利用。例如,第一个施工段基槽挖土,直到第三段挖土后才开始垫层施工,浪费了前两段挖土完成后的工作面等。为了更加充分利用工作面,可按如图1.5所示的组织方式进行施工,工期比如图1.4所示的流水施工组织方式缩短了3天。

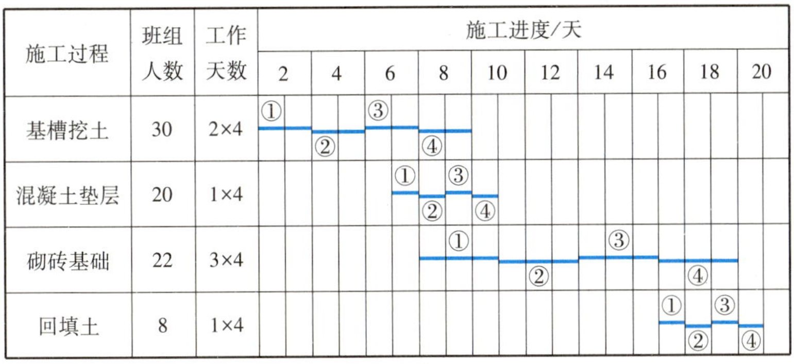

施工过程	班组人数	工作天数	施工进度/天									
			2	4	6	8	10	12	14	16	18	20
基槽挖土	30	2×4	①②		③④							
混凝土垫层	20	1×4			①②	③④						
砌砖基础	22	3×4			①		②		③	④		
回填土	8	1×4								①②	③④	

图 1.4 全部连续的流水施工横道图

根据建筑工程施工的特点,为了更加充分地利用工作面,缩短工期,有时特意安排某些次要施工过程在各施工段之间合理间断施工。将如图1.4所示的流水施工组织方式重新安排,其结果如图1.5所示,工期又缩短了3天。

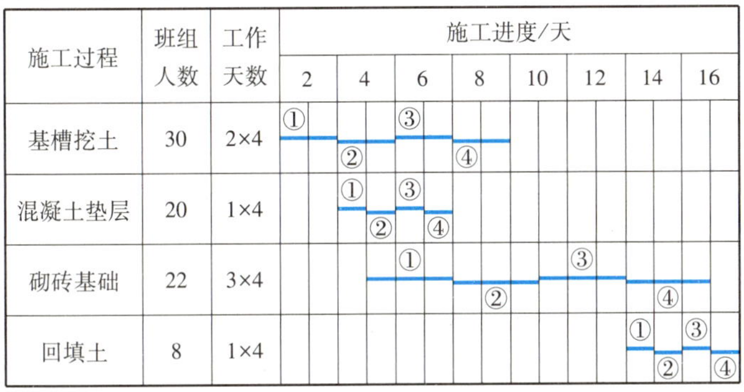

施工过程	班组人数	工作天数	施工进度/天							
			2	4	6	8	10	12	14	16
基槽挖土	30	2×4	①②		③④					
混凝土垫层	20	1×4		①②	③④					
砌砖基础	22	3×4			①	②		③	④	
回填土	8	1×4					①②	③④		

图 1.5 合理间断的流水施工横道图

因此,对于一个分部工程施工来说,只要保证主要施工过程在各施工段、施工层之间能连续均衡施工,其他次要施工过程由于缩短工期的要求而不能安排连续施工时,也可部分或全部安排合理间断施工,这种施工组织方式可以认为是流水施工。这也是在编制施工进度计划时,应优先采用的施工组织方式。

将图中有关数据代入工期计算式得:

$$T = (2+1+9)\text{天} + 4 \times 1 \text{天} = 16 \text{天}$$

(三)组织流水施工的方法与步骤

1.划分施工段

根据组织流水施工的要求,将拟建工程在平面上和空间上划分为工程量(或劳动量)大致相等的若干个施工段,它是形成流水施工的前提。

2.划分施工过程

根据拟建工程的施工特点和施工要求,将拟建工程的整个建造过程按照施工工艺要求划分成若干个施工过程(或分部分项工程),它是组织专业化施工和分工协作的前提。

3. 每个施工过程组织独立的施工班组

在一个流水组中,每一个施工过程均应组织独立的施工班组,负责本施工过程的施工,这样可使每个施工班组按施工顺序,依次、连续、均衡地从一个施工段转移到另一个施工段进行相同的操作,它是提高质量、效益的保证。施工班组的形式可根据过程所包括工作内容的不同采用专业队组或混合队组,以便满足流水施工的要求。

4. 安排主要施工过程连续、均衡施工

对工程量或劳动量较大、施工持续时间最长的主要施工过程,需安排在各施工段之间连续施工,并尽可能地均衡施工;其他次要施工过程,可考虑与相邻施工过程合并或安排合理间断施工,以便缩短施工工期。

5. 相邻施工过程之间最大限度地安排平行搭接施工

除了必要的技术间歇(或包括必要的组织间歇),相邻施工过程之间应最大限度地安排在不同的施工段上平行搭接施工。

 思考与练习

(一)单项选择题

1. ( )法能连续、均衡而有节奏地组织施工。

    A. 平行施工　　　　B. 依次施工　　　　C. 流水施工　　　　D. 分阶段施工

2. 流水施工组织方式是施工中常采用的方式,因为( )。

    A. 它的工期最短　　　　　　　　　　B. 现场组织、管理简单

    C. 能够实现专业工作队连续施工　　　D. 单位时间投入劳动力、资源量最少

3. 在组织施工的方式中,占用工期最长的组织方式是( )施工。

    A. 依次　　　　　　B. 平行　　　　　　C. 流水　　　　　　D. 搭接

4. 建设工程施工通常按流水施工方式组织,是因其具有( )的特点。

    A. 单位时间内所需用的资源量较少

    B. 使各专业工作队能够连续施工

    C. 使施工现场的组织、管理工作简单

    D. 同一施工过程的不同施工段可以同时施工

5. 建设工程流水施工方式的特点之一是( )。

    A. 单位时间内投入的劳动力较少　　　B. 专业工作队能够连续施工

    C. 能够充分利用工作面进行施工　　　D. 施工现场的组织管理比较简单

(二)多项选择题

1. 组织流水施工时,划分施工段的原则是( )。

    A. 能充分发挥主导施工机械的生产效率

    B. 根据各专业队的人数随时确定施工段的段界

C. 施工段的段界尽可能与结构界限相吻合

D. 划分施工段只适用于道路工程

E. 施工段的数目应满足合理组织流水施工的要求

2. 组织流水的效果是可以(　　)。

A. 节省工作时间　　　　　　　B. 实现均衡有节奏的施工

C. 节约材料　　　　　　　　　D. 节约劳动力

E. 提高劳动效率

3. 建设工程组织依次施工时,其特点包括(　　)。

A. 没有充分利用工作面进行施工,工期长

B. 如果按专业成立工作队,则各专业队不能连续作业

C. 施工现场的组织管理工作比较复杂

D. 单位时间内投入的资源量较少,有利于资源供应的组织

E. 相邻两个专业工作队能够最大限度地搭接作业

(三)判断题

1. 依次施工和平行施工不能实现工作专业化施工。　　　　　　　　(　　)

2. 在组织施工的方式中,占用工期最长的组织方式是平行施工。　　(　　)

3. 工程流水施工的实质是连续施工。　　　　　　　　　　　　　　(　　)

(四)问答题

1. 组织施工有哪几种方式?各自有哪些特点?

2. 什么是流水施工?组织流水施工的条件有哪些?

任务三　计算流水施工的主要参数

任务描述与分析

在组织流水施工时,为了清楚、准确地表达各施工过程在时间和空间上的相互依存关系,需引入一些描述施工进度计划图特征和各种数量关系的参数,这些参数称为流水施工参数。流水施工的主要参数按其性质的不同,一般可分为工艺参数、空间参数、时间参数。本任务主要学习这3种参数的含义、计算等内容。

知识与技能

(一)工艺参数

工艺参数主要是指在组织流水施工时,用以表达流水施工在施工工艺上开展顺序及其特

征的参数。

1. 施工过程数

施工过程数是指参与一组流水的施工过程数目,以符号 n 表示。施工过程可以是分部分项工程、单位工程或单项工程的施工过程。施工过程划分数目的多少、粗细程度一般与下列因素有关。

1)施工进度计划的功能

编制控制性施工进度计划时,划分的施工过程较粗,数目较少,施工过程可以是单位工程,也可以是分部工程;编制实施性进度计划时,划分的施工过程较细,数目较多,施工过程可以是分项工程,也可以是将分项工程按照专业工种不同分解而成的施工工序。

2)建筑的结构类型

建筑结构越复杂,相应的施工过程数目就划分得越细,如砖混与框架混合结构的施工过程数目细于同等规模的砖混结构。

3)施工方案

不同的施工方案,其施工顺序和施工方法也不相同,如框架主体结构的施工采用的施工方案不同,其施工过程数也不同。

4)劳动组织及劳动量大小

劳动量小的施工过程,当组织流水施工有困难时,可与其他施工过程合并。例如,垫层劳动量较小时,可与挖土方合并成一个施工过程,可以使各个施工过程的劳动量大致相等,便于组织流水施工。

此外,施工过程的划分与施工班组、施工习惯有关。例如,安装玻璃、油漆施工可分可合,因为有的是混合班组,有的是单一施工班组。

总之,施工过程的数量要适当,应适合组织流水施工的需要。在划分施工过程时,因为施工过程数过多,会使进度计划主次不明,施工组织太复杂;若过少又达不到好的流水效果,所以合适的施工过程数对施工组织很重要。

2. 流水强度

流水强度也称为流水能力或生产能力,它是指某一个施工过程在单位时间内能够完成的工程量。流水强度又分机械施工过程的流水强度和手工操作过程的流水强度。

1)机械施工过程的流水强度

机械施工过程的流水强度,其计算式为

$$V_i = \sum_{i=1}^{x} R_i \cdot S_i \tag{1.5}$$

式中 V_i——第 i 施工过程的机械流水强度;

R_i——投入第 i 施工过程的某种主要施工机械台数;

S_i——该种施工机械的产量定额;

x——投入第 i 施工过程的资源种类数。

2)手工操作过程的流水强度

手工操作过程的流水强度,其计算式为

$$V_i = R_i \cdot S_i \tag{1.6}$$

式中 V_i——第 i 施工过程的手工流水强度；

R_i——投入第 i 施工过程的工人数；

S_i——第 i 施工过程的产量定额。

3. 工艺参数的确定

工艺参数应根据不同情况确定。

(1)在流水施工中,每一个施工过程均只有一个施工班组先后开始施工时,工艺参数就是施工过程数 n；

(2)在流水施工中,如果两个或两个以上的施工过程同时开工或完工,则这些施工过程应按一个施工过程并入工艺参数内；

(3)在流水施工中,如果某一施工过程有两个以上的施工班组,间隔一定时间先后开始施工时,则应以施工班组计入工艺参数内。

(二)空间参数

空间参数是用来表达流水施工在空间布置上所处状态的参数,包括工作面、施工段数和施工层数。

1. 工作面

工作面是指施工人员或施工机械进行作业所需的活动空间。工作面大小的确定要掌握一个适度原则,以最大限度地提高工人工作效率为前提,按所能提供的工作面大小、安全技术和施工技术规范的规定来确定工作面。工作面确定得合理与否,直接影响施工班组的生产率。常见工种的工作面参考数据可参见表 1.2。

表 1.2 常见工种的工作面参考数据表

工作项目	每个技工的工作面	说 明
砖基础	7.6 m/人	以 1 砖半计,2 砖乘以 0.8,3 砖乘以 0.55
砌砖墙	8.5 m/人	以 1 砖计,1 砖半乘以 0.71,3 砖乘以 0.55
混凝土柱、墙基础	8 m³/人	机拌、机捣
混凝土设备基础	7 m³/人	机拌、机捣
现浇钢筋混凝土柱	2.45 m³/人	机拌、机捣
现浇钢筋混凝土梁	3.20 m³/人	机拌、机捣
现浇钢筋混凝土墙	5 m³/人	机拌、机捣
现浇钢筋混凝土楼板	5.3 m³/人	机拌、机捣
预制钢筋混凝土柱	3.6 m³/人	机拌、机捣
预制钢筋混凝土梁	3.6 m³/人	机拌、机捣

续表

工作项目	每个技工的工作面	说　明
预制钢筋混凝土屋架	2.7 m³/人	机拌、机捣
混凝土地坪及面层	40 m²/人	机拌、机捣
外墙抹灰	16 m²/人	—
内墙抹灰	18.5 m²/人	—
卷材屋面	18.5 m²/人	—
防水水泥砂浆屋面	16 m²/人	—
门窗安装	11 m²/人	—

2. 施工段数

组织流水施工时,将工程在平面上划分为若干个独立施工的区段,其数量称为施工段数,用符号 m 表示。每个施工段在某个时段中只供一个施工班组施工。划分施工段的原则如下:

(1)施工段的划分通常是以主导施工过程为依据。主导施工过程是指一个流水组中,劳动量较大或技术复杂,致使工作持续时间最长的施工过程。它的工作持续时间对工程的工期起主导作用。例如,在砖混结构建筑施工中,是以其主导施工过程——砌砖和楼板安装来划分的;而对整体式现浇钢筋混凝土框架结构房屋,则以钢筋混凝土工程的施工需要来划分。

(2)确定施工段分界线位置,应考虑拟建工程的轮廓形状、平面组成及结构构造特点。在满足划分施工段的基本要求的前提下,可以考虑设置在伸缩缝、沉降缝处;单元式住宅区的单元分界线处,必要时也可在一个单元的中间处,此时墙体的施工段分界线应留设在对结构整体性影响较小的门窗洞口处,并减少留槎处的接槎工作量;多幢同类型建筑,可以一幢房屋作为一个施工段。另外,道路、管线等按长度方向延伸的工程,可按一定长度作为一个施工段。

(3)同一专业的施工班组在各个施工段上的劳动量应大致相等,相差幅度不宜超过15%,施工班组在每段上所花费的时间大致相等,便于组织有节奏的流水施工。

3. 施工层数

把多层建筑物垂直方向划分的施工区段称为施工层,其目的是满足操作高度和施工工艺的要求。施工层的划分要考虑施工项目的具体情况,根据建筑物的高度、楼层确定,如砌筑工程的施工层高度一般为 1.2 m(一步架高)。

【例1.2】 某两层砖混结构的主体工程,在组织流水施工时,将主体工程划分为砌砖墙、现浇钢筋混凝土圈梁、过梁,安装楼板3个施工过程。在工作面足够、人员和机具数不变的条件下,试对 m 与 n 的关系进行计算与分析。

(1)当 $m=n=3$ 时,其流水施工进度计划如图1.6所示。

从图1.6中可以看出,各施工班组均能保持连续施工,每一个施工段上均有施工班组施工,施工工作面能充分利用,也不会产生工人窝工现象,这是最理想的流水施工安排。

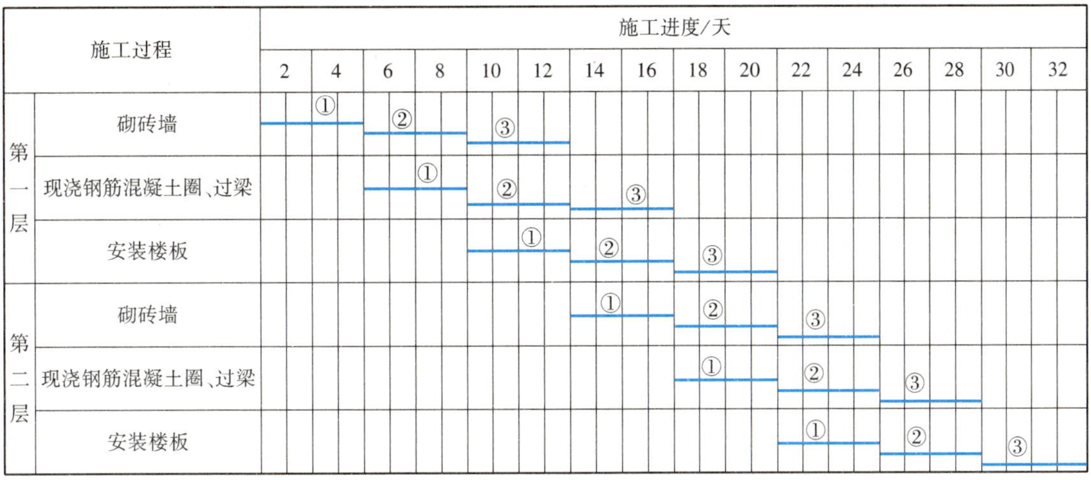

施工过程		施工进度/天															
		2	4	6	8	10	12	14	16	18	20	22	24	26	28	30	32
第一层	砌砖墙	①		②		③											
	现浇钢筋混凝土圈、过梁			①		②		③									
	安装楼板					①		②		③							
第二层	砌砖墙							①		②		③					
	现浇钢筋混凝土圈、过梁									①		②		③			
	安装楼板											①		②		③	

图 1.6 流水施工进度横道图($m=n=3$)

（2）当 $m>n$ 时,如取 $m=4$,其流水施工进度计划如图 1.7 所示。

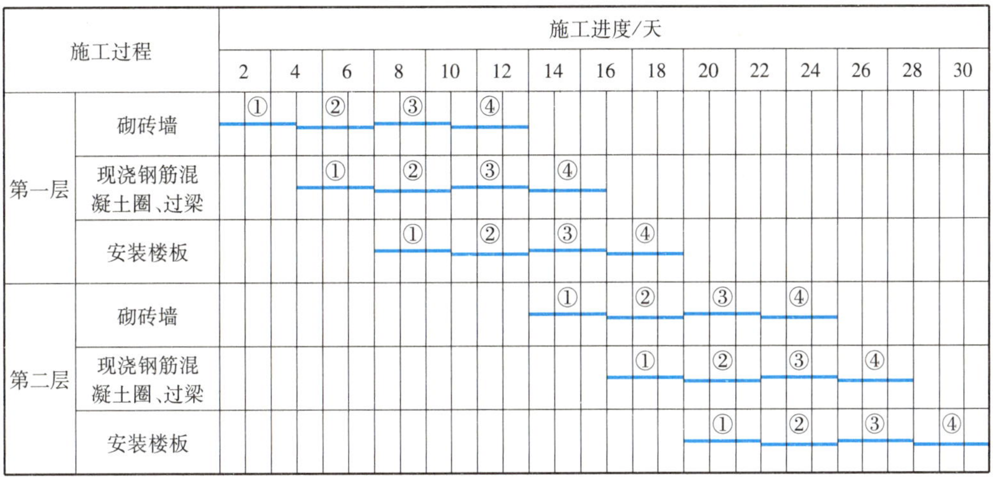

施工过程		施工进度/天														
		2	4	6	8	10	12	14	16	18	20	22	24	26	28	30
第一层	砌砖墙	①		②		③		④								
	现浇钢筋混凝土圈、过梁			①		②		③		④						
	安装楼板					①		②		③		④				
第二层	砌砖墙							①		②		③		④		
	现浇钢筋混凝土圈、过梁									①		②		③		④
	安装楼板											①		②		③	④

图 1.7 流水施工进度横道图($m>n$,取 $m=4$)

从图 1.7 中可以看出,各施工班组均能保持连续施工,但施工段上的工作面出现了闲置。如第 1 层第 1 段先安装楼板,第 10 天就应开始砌 2 层第 1 段的砖墙,但此时砌砖墙的施工班组正在砌第 1 层第 4 段的砖墙,直到第 12 天砌完第 1 层第 4 段砖墙,第 13 天才开始砌筑第 2 层第 1 段砖墙,使第 2 层第 1 段的工作面空闲了 3 天。因此,拖延了工期。在实际工程施工中,如果工作面空闲的时间不长,也允许利用空闲的工作面安排施工准备、测量放线等工作。

（3）当 $m<n$ 时,如取 $m=2$,其流水施工进度计划如图 1.8 所示。

从图 1.8 中可以看出,进入正常施工状态后(从第 4 天至第 22 天),任何一天、任何一个施工工作面上都有施工班组,没有空闲的工作面,施工工作面能够得到充分利用;但各施工班组在从第 1 层转移到第 2 层时,第 2 层的第 1 段前一施工过程正在进行,致使在层间转换施工段时出现停歇、窝工现象。工期较长,不是一个理想的方案。

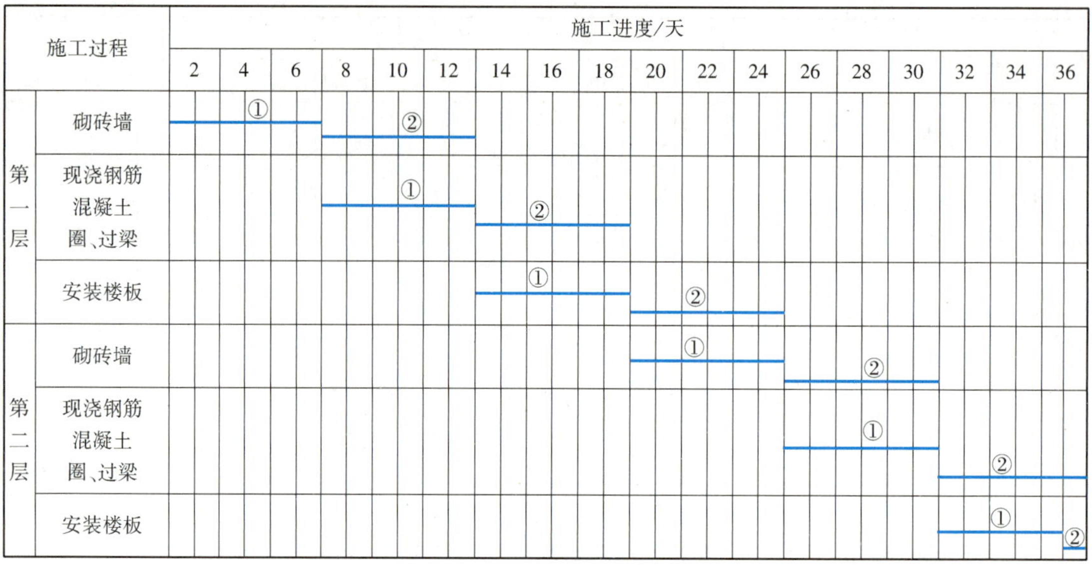

施工过程		施工进度/天																
		2	4	6	8	10	12	14	16	18	20	22	24	26	28	30	32	34	36
第一层	砌砖墙	①			②														
	现浇钢筋混凝土圈、过梁			①			②												
	安装楼板				①				②										
第二层	砌砖墙								①			②							
	现浇钢筋混凝土圈、过梁										①			②					
	安装楼板																①	②	

图 1.8　流水施工进度横道图($m < n$,取 $m = 2$)

综上所述,在多层建筑流水施工中,为缩短工期,为保证各施工班组尽可能连续施工,不出现窝工现象,应使施工段数大于或等于施工过程数,即 $m \geqslant n$。但应注意,m 值也不能过大,否则会造成人员、机具、材料过于集中,影响效率和效益。

(三)时间参数

时间参数是指在组织流水施工时,用以表达流水施工在时间排列上所处状态的参数。它包括流水节拍、流水步距、技术与组织间歇时间、平行搭接时间及流水施工工期。

1.流水节拍

1)基本概念

流水节拍是指在流水施工中,从事某一施工过程的施工班组在某一施工段上完成施工任务所需的时间,其大小可以反映施工速度的快慢,用符号 t_i 表示(i 表示施工过程的编号或代号,$i = 1,2,3,\cdots$)。

2)流水节拍的计算

流水节拍的大小直接关系到投入的劳动力、材料和机具的多少,决定着流水施工节奏、施工速度和工期。因此,必须进行合理的选择和计算。其主要的计算方法有定额计算法、经验估算法和工期推算法 3 种。后两种方法将在单位工程施工进度计划中讲述,此处只讲述定额计算法。其流水节拍可按下式计算:

$$t_i = \frac{P_i}{R_i N_i} = \frac{Q_i H_i}{R_i N_i} = \frac{Q_i}{S_i R_i N_i} \tag{1.7}$$

式中　t_i——某施工过程的流水节拍;

　　　P_i——某施工过程在一个施工段上完成施工任务所需的劳动量(工日数)或机械台班数量(台班数),$P_i = Q_i H_i = \dfrac{Q_i}{S_i}$;

R_i——某施工过程的施工班组人数或机械台数；

N_i——某施工过程每天工作班次；

Q_i——某施工过程在一个施工段上的工作量；

H_i——某施工过程采用的时间定额；

S_i——某施工过程采用的产量定额，$S_i=\dfrac{1}{H_i}$。

或

$$t_i=\frac{P_i}{R_i\times m\times N_i}\qquad(1.8)$$

式中 t_i——某施工过程的流水节拍；

P_i——完成某施工过程的工作任务所需的劳动量(工日数)或机械台班数量(台班数)；

R_i——某施工过程的施工班组人数或机械台数；

N_i——某施工过程每天工作班次；

m——组织流水施工划分的施工段数。

2. 流水步距

1)基本概念

流水步距是指在流水施工中，相邻两个施工过程或专业队(班组)相继进入同一施工段开始施工的最小时间间隔(不包括技术与组织间歇时间)，通常用符号 $K_{i,i+1}$ 表示(i 代表某一施工过程，$i+1$ 代表施工过程 i 的紧后施工过程)。

流水步距的大小直接影响工期的长短。一般来说，在拟建工程的施工段数不变的情况下，流水步距越大，工期越长；流水步距越小，工期越短。影响流水步距大小的主要因素有：前后两个相邻施工过程的流水节拍、施工工艺技术要求、技术间歇与组织间歇时间、施工段数目、流水施工的组织方式等。

2)流水步距的计算方法

常用流水步距的计算方法主要有公式法(图上分析计算法)和累加数列法，而累加数列法较为简洁、实用。流水步距的计算详见本模块任务四中的有关内容。

3. 技术与组织间歇时间

在组织流水施工时，有些施工过程完成后，后续施工过程不能立即投入施工，必须有足够的间歇时间。由建筑材料或现浇构件等工艺性质决定的间歇称为技术间歇时间。如混凝土浇筑后的养护时间，水泥砂浆找平层、楼地面和油漆面的干燥时间等。由施工组织的原因造成的间歇称为组织间歇时间。如基础回填土前地下管道的检查验收、施工机械转移和砌筑墙体前的墙身位置弹线以及其他作业前的准备工作等。技术与组织间歇时间通常用 t_j 表示。

4. 平行搭接时间

在组织流水施工时，有时为了缩短工期，在工作面允许的条件下，如果前一个施工班组完成部分施工任务后，能够提前为后一个施工班组提供工作面，使后者提前进入前一个施工段，两者在同一施工段上平行搭接施工，这个搭接时间称为平行搭接时间，通常用 t_d 表示。

5. 流水施工工期

流水施工工期是指完成一项工程任务或一个流水组施工时，从第一个施工过程进入施工到最后一个施工过程退出施工所经过的时间。一项工程的施工工期用 T 表示,一个流水组施工工期用 T_L 表示。流水组施工工期一般可按下式计算:

$$T_L = \sum K_{i,i+1} + T_N + \sum t_j - \sum t_d \qquad (1.9)$$

式中　　T_L——流水组施工工期;

$\quad\sum K_{i,i+1}$—— 流水施工中,各流水步距之和;

$\quad T_N$—— 流水施工中,最后一个施工过程的持续时间;

$\quad\sum t_j$—— 所有技术与组织间歇时间之和;

$\quad\sum t_d$—— 所有平行搭接时间之和。

 思考与练习

(一)单项选择题

1.在组织流水施工时,(　　)称为流水步距。

　　A.某施工专业队在某一施工段的持续工作时间

　　B.相邻两个专业工作队在同一施工段开始施工的最小间隔时间

　　C.某施工专业队在单位时间内完成的工程量

　　D.某施工专业队在某一施工段进行施工的活动空间

2.每个专业工作队在各个施工段上完成其专业施工过程所必需的持续时间是指(　　)。

　　A.流水强度　　　B.时间定额　　　C.流水节拍　　　D.流水步距

3.某专业工种所必须具备的活动空间是指流水施工空间参数中的(　　)。

　　A.施工过程　　　B.工作面　　　C.施工段　　　D.施工层

4.从事某一施工过程的工作队(组)在一个施工段上的工作延续时间的流水参数是(　　)。

　　A.流水节拍　　　B.流水步距　　　C.施工过程数　　　D.施工段数

5.下列哪项不是描述流水施工空间参数的指标?(　　)

　　A.施工层　　　B.施工段数　　　C.工作面　　　D.施工过程数

(二)多项选择题

1.组织流水施工时,划分施工段的原则是(　　)。

　　A.能充分发挥主导施工机械的生产效率

　　B.根据各专业队的人数随时确定施工段的段界

　　C.施工段的段界尽可能与结构界限相吻合

　　D.划分施工段只适用于道路工程

　　E.施工段的数目应满足合理组织流水施工的要求

2.建设工程组织依次施工时,其特点包括(　　)。

　　A.没有充分利用工作面进行施工,工期长

　　B.如果按专业成立工作队,则各专业队不能连续作业

　　C.施工现场的组织管理工作比较复杂

　　D.单位时间内投入的资源量较少,有利于资源供应的组织

　　E.相邻两个专业工作队能够最大限度地搭接作业

3.组织产品生产的方式较多,归纳起来有(　　)等基本方式。

　　A.分别流水　　　B.流水作业　　　C.平行作业　　　D.依次作业　　　E.全等节拍流水

4.划分施工段,通常应遵循(　　)等基本原则。

　　A.各施工段上的工程量大致相等

　　B.能充分发挥主导机械的效率

　　C.对多层建筑物,施工段数应小于施工过程数

　　D.保证结构整体性

　　E.对多层建筑物,施工段数应不小于施工过程数

5.流水施工的工艺参数主要包括(　　)。

　　A.施工过程　　　B.施工段　　　C.流水强度　　　D.施工层　　　E.流水步距

(三)判断题

1.空间参数主要有施工段、施工工艺和施工层。　　　　　　　　　　　　　　　(　　)

2.工艺参数是指流水步距、流水节拍、技术间歇、搭间等。　　　　　　　　　　(　　)

3.当一个施工段上的工程量不变的情况下,流水节拍越小,则所需的施工班组人数和机械设备的数量就越多。　　　　　　　　　　　　　　　　　　　　　　　　　　　　　(　　)

4.在组织流水施工时,空间参数主要有施工段、施工过程和施工层3种。　　　　(　　)

5.流水节拍是指一个专业队在一个施工过程工作所需的延续时间。　　　　　　　(　　)

(四)问答题

1.施工过程划分的数目多少、粗细程度一般与哪些因素有关?

2.影响流水节拍数值大小的主要因素有哪些?

3.在确定流水步距时应尽量满足哪些要求?

4.合理划分施工段,一般应遵循哪些原则?

任务四　掌握流水施工的组织方式

 ## 任务描述与分析

　　按照流水节拍的节奏特征,流水作业主要包括全等节拍流水作业、成倍节拍流水作业和分别流水作业3种方式。掌握不同流水节拍的流水施工作业方式并正确计算其相关参数,是合理组织流水施工的关键。本任务的具体要求是能区分不同的流水施工组织方式,能正确计算不同流水施工作业方式的相关参数。

知识与技能

（一）流水施工的分类

1.按流水施工的组织范围划分

（1）分项工程流水。它是在一个分项工程内部各施工段之间进行持续作业的流水施工方式，是组织拟建工程流水施工的基本单元。

（2）分部工程流水。它是在一个分部工程内部由分项工程流水组合而成的流水施工方式，是分项工程流水的工艺组合。

（3）单位工程流水。它是在一个单位工程内部由各分项工程流水或各分部工程流水组合而成的流水施工方式。它是分部工程流水的扩大和组合，也可以是全部由分项流水组合而成的流水施工方式。

（4）建筑群体工程流水。建筑群体工程流水又称综合流水，俗称大流水施工。它是指在住宅小区、工业厂区等建筑群体工程建设中，由多个单位工程的流水施工组合而成的流水施工方式，是单位工程流水的综合与扩大。

2.按流水施工节奏特征划分

按流水节拍的特征，流水施工分为有节奏流水施工和无节奏流水施工两类。其中，有节奏流水施工又可分为等节奏流水（即全等节拍流水）施工和异节奏流水施工两种。异节奏流水施工又分为不等节拍流水施工和成倍节拍流水施工。成倍节拍流水施工是异节奏施工的一种特例。各种流水施工方式之间的关系如图1.9所示。

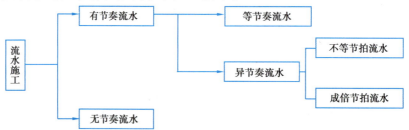

图1.9　流水施工方式关系图

（二）等节奏流水施工

等节奏流水施工是指在流水施工中，同一施工过程在各个施工段上的流水节拍均相等，且不同施工过程的流水节拍也相等的流水施工方式。即各施工过程流水节拍均为常数，故也称为固定节拍流水施工。

【例1.3】　某工程划分为 A、B、C、D 4 个施工过程，每个施工过程分 4 个施工段，流水节拍均为 2 天，组织全等节拍流水施工，其进度计划安排如图1.10所示。

施工过程	工作时间/天	施工进度/天													
		1	2	3	4	5	6	7	8	9	10	11	12	13	14
A	8	①		②		③		④							
B	8			①		②		③		④					
C	8					①		②		③		④			
D	8							①		②		③		④	

图 1.10　全等节拍流水施工进度计划

1. 等节拍流水施工的特征

（1）各施工过程在各施工段上的流水节拍彼此相等。如果有 n 个施工过程,流水节拍为 t_i,则

$$t_1 = t_2 = \cdots = t_n, t_i = t(常数)$$

（2）无间歇时,流水步距彼此相等,且等于流水节拍值,即

$$K_{1,2} = K_{2,3} = \cdots = K_{n-1,n} = K = t(常数)$$

全等节拍流水

（3）各专业工作队在各施工段上能够连续作业,各施工段之间没有空闲时间。

（4）各专业工作队数 n_i 等于施工过程数 n。

2. 等节拍流水步距的确定

$$K_{i,i+1} = t_i \tag{1.10}$$

式中　$K_{i,i+1}$——第 i 个施工过程和第 $i+1$ 个施工过程之间的流水步距;

　　　t_i——第 i 个施工过程的流水节拍。

3. 等节拍流水施工工期的计算

在等节拍流水施工中,如果流水组中的施工过程数为 n,施工段总数为 m,所有施工过程的流水节拍均为 t_i,流水步距的数量为 $n-1$,则

$$T_L = (m + n - 1)t_i + \sum t_j - \sum t_d \tag{1.11}$$

4. 等节拍流水施工的组织方法

（1）将拟建工程按照常用方法划分施工过程,并将劳动量较小的施工过程合并到相邻施工过程中去,以使各施工过程的流水节拍相等;

（2）确定主导施工过程的施工班组人数,并利用式(1.7)计算其流水节拍;

（3）根据已定的流水节拍,确定其他施工过程的施工班组人数及其工种组成。

【例 1.4】 某 5 层 4 个单元的砖混结构住宅的基础工程,每一个单元的施工工序、工程量分别为基槽挖土 180 m³,浇筑混凝土垫层 16 m³,钢筋混凝土条形基础绑扎钢筋 2.8 t,浇筑混凝土 35 m³,砌砖基础墙 45 m³,基槽回填土 84 m³,室内地坪回填土 51 m³,详见表 1.3。垫层混凝土和条形基础混凝土浇筑完毕,各需养护 1 天方可进行下道工序施工。现决定一个单元为一个施工段,按一班制组织流水施工。试按全等节拍流水组织施工,计算施工工期,并绘制施工进度横道图。

表 1.3　各工序的施工程序、工程量等指标

序　号	施工过程	工程量		劳动量/工日	施工班组人数/人	工作班制	流水节拍
		数　量	单　位				
1	基槽挖土	180	m³	92	31	1	3
	浇筑混凝土垫层	16	m³	14	5		
2	绑扎钢筋	2.8	t	12	4	1	3
	浇筑混凝土基础	35	m³	30	10		
3	砌砖基础	45	m³	53	18	1	3
4	基础回填土	84	m³	23	8	1	3
	室内地坪回填土	57	m³				

(1)划分施工过程。由于浇筑混凝土垫层的工程量较小,将其与相邻的基槽挖土合并成一个"基槽挖土、浇筑混凝土垫层"施工过程;将工程量较小的绑扎钢筋与浇筑混凝土条形基础合并成一个"绑扎钢筋、浇筑混凝土基础"施工过程,将基础回填土与室内地坪回填土合并为"回填土"施工过程。

(2)确定主导施工过程的施工班组人数和流水节拍。例 1.4 中劳动量最大的"基槽挖土、浇筑混凝土垫层"是主导施工过程,根据现有的该施工班组人数(或综合考虑流水节拍后调整的施工班组人数),按式(1.7)计算出主导施工过程的流水节拍 t_i:

$$t_i = \frac{P_i}{R_i b_i} = \frac{92+14}{(31+5)\times 1} \text{天} = \frac{106}{36} \text{天} = 3 \text{天}$$

(3)根据主导施工过程的流水节拍,确定其他施工过程施工班组人数。将式(1.7)中 t_i 与 R_i 的位置互换,导出下式:

$$R_i = \frac{P_i}{t_i b_i} \tag{1.12}$$

根据其他施工过程的劳动量和主导施工过程的流水节拍 $t_i=3$,用式(1.12)计算出其他施工过程的施工班组人数,其计算结果见表 1.3,该工程的施工进度计划如图 1.11 所示。施工工期为:

$$T_L = (m+n-1)t_i + \sum t_i - \sum t_d = (4+4-1)\times 3 \text{天} + (1+1) \text{天} = 23 \text{天}$$

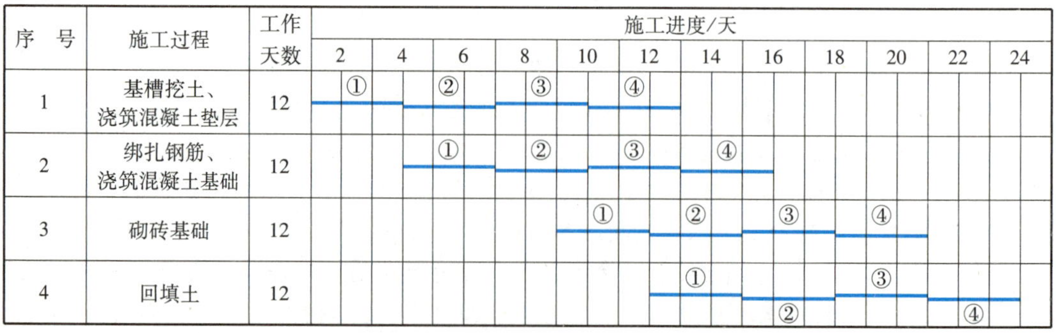

图 1.11　等节拍流水施工进度计划

(三)成倍节拍流水施工

成倍节拍流水是异节奏流水施工的特例,指所有施工过程的流水节拍均为其中最小流水节拍的整数倍,每个施工过程按倍数关系组织相应的施工班组数目,并安排各施工班组按同一流水步距(等于最小的流水节拍)先后进入不同施工段进行流水施工的组织方式。

1. 成倍节拍流水施工的特征

(1)同一施工过程的流水节拍相等,不同施工过程的流水节拍是其中最小流水节拍的整数倍;

(2)流水步距彼此相等且等于最小的流水节拍;

(3)各施工班组能够保证连续施工,施工段没有空闲;

(4)施工班组数 n_i 大于施工过程数 n,即 $n_i > n$。

$$n_i = \sum b_i \tag{1.13}$$

$$b_i = \frac{t_i}{t_{min}} \tag{1.14}$$

式中　n_i——施工班组数总和;

　　　b_i——第 i 个施工过程的施工班组数。

2. 成倍节拍流水步距的确定

$$K_{i,i+1} = t_{min} \tag{1.15}$$

3. 成倍节拍流水工期的确定

$$T_L = (m + n_i - 1)t_{min} + \sum t_j - \sum t_d \tag{1.16}$$

4. 成倍节拍流水施工的组织方法

(1)将拟建工程划分为若干个施工过程,并将其在平面和空间划分成不同的施工段。

(2)计算和确定主导施工过程和其他施工过程的流水节拍,使之成为不等节拍流水,并采用增减施工班组人数的方法来调整各施工过程的流水节拍,以确保每个施工过程的流水节拍均为最小流水节拍的整数倍。

(3)按倍数关系组织相应的施工班组数目,并按成倍节拍流水的要求安排各施工班组先后进入流水施工。

(4)绘制施工进度计划横道图。

【例1.5】　某建筑群共有6幢相同的住宅楼基础工程,其施工过程和流水节拍为基槽挖土 $t_A = 3$ 天,浇筑混凝土垫层 $t_B = 1$ 天,砌砖基础 $t_C = 3$ 天,基槽回填土 $t_D = 2$ 天。混凝土垫层完成后,技术间歇1天。试计算成倍节拍流水施工的总工期,并绘制施工进度计划横道图。

【解】　(1)计算每个施工过程的施工班组数 b_i。根据式(1.14), $b_i = \frac{t_i}{t_{min}}$,取 $t_{min} = t_B = 1$ 天,则

$$b_A = \frac{t_A}{t_{min}} = \frac{3}{1} = 3$$

$$b_B = \frac{t_B}{t_{\min}} = \frac{1}{1} = 1$$

$$b_C = \frac{t_C}{t_{\min}} = \frac{3}{1} = 3$$

$$b_D = \frac{t_D}{t_{\min}} = \frac{2}{1} = 2$$

（2）计算施工班组总数 n_i：

$$n_i = \sum b_i = b_A + b_B + b_C + b_D = 3 + 1 + 3 + 2 = 9$$

（3）计算工期 T_L：

$$T_L = (m + n_i - 1)t_{\min} + \sum t_i - \sum t_d = (6 + 9 - 1) \times 1\,天 + 1\,天$$
$$= 14\,天 + 1\,天 = 15\,天$$

（4）绘制施工进度计划横道图，如图 1.12 所示。

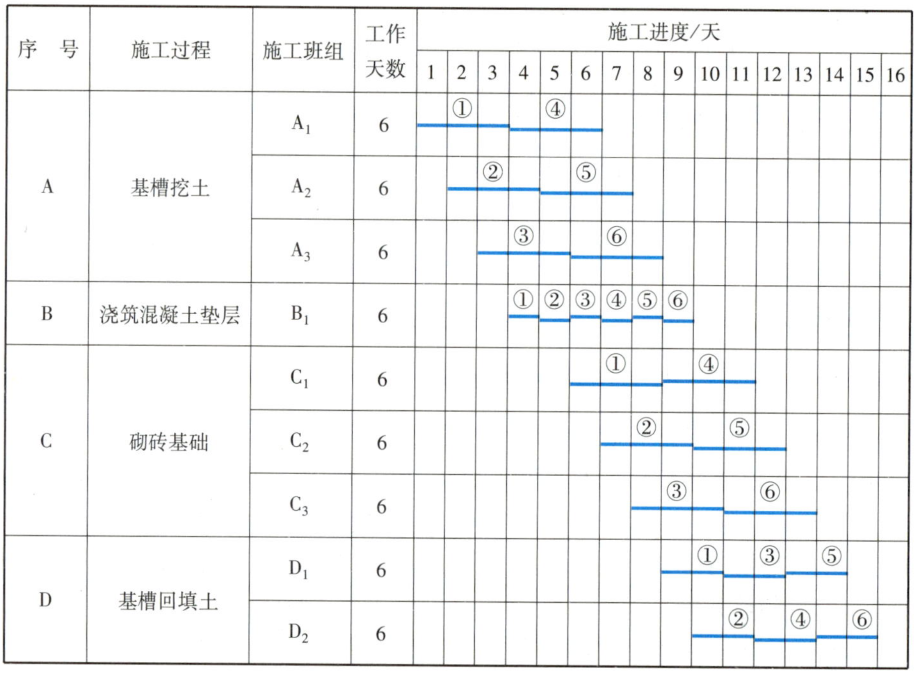

序　号	施工过程	施工班组	工作天数	施工进度/天															
				1	2	3	4	5	6	7	8	9	10	11	12	13	14	15	16
A	基槽挖土	A_1	6	①			④												
		A_2	6		②			⑤											
		A_3	6			③			⑥										
B	浇筑混凝土垫层	B_1	6			①②③④⑤⑥													
C	砌砖基础	C_1	6							①		④							
		C_2	6								②		⑤						
		C_3	6									③		⑥					
D	基槽回填土	D_1	6									①		③		⑤			
		D_2	6										②		④		⑥		

图 1.12　成倍节拍流水施工进度计划

（四）不等节拍流水施工

不等节拍流水施工也称异节拍流水施工，是指在流水施工中，同一施工过程在各个施工段上的流水节拍均完全相等，但不同施工过程之间的流水节拍不一定相等的流水施工方式。

1. 不等节拍流水施工的特征

（1）同一施工过程在各个施工段上的流水节拍均相等，不同施工过程之间的流水节拍不一定相等；

（2）各施工过程之间的流水步距不一定相等；

(3)各施工班组能够在施工段上连续施工,施工段之间可能有空闲;

(4)施工班组数 n_i 等于施工过程数 n。

2. 不等节拍流水步距的确定

不等节拍流水步距的确定虽然有其特有的方法,但运用起来并不方便。计算不等节拍流水步距宜采用通用计算方法。当各施工过程均连续流水施工时,流水步距的通用计算方法是累加数列法。累加数列法是指累加数列错位相减,取最大差值。其计算步骤如下:

(1)将每个施工过程的流水节拍逐段累加,求出累加数列 $\sum\limits^{m} t_i$;

(2)根据施工顺序,对求出相邻的两累加数列错位相减, $\sum\limits^{m} t_i - \sum\limits^{m-1} t_{i+1}$;

(3)在差数列中取最大值,即为这两个相邻施工过程的流水步距, $K_{i,i+1} = \max \left\{ \sum\limits^{m} t_i - \sum\limits^{m-1} t_{i+1} \right\}$。

3. 不等节拍流水施工工期

不等节拍流水施工工期按下式计算:

$$T_{L} = \sum K_{i,i+1} + mt_n + \sum t_j - \sum t_d \qquad (1.17)$$

式中 t_n——最后一个施工过程的流水节拍;

其余符号含义同前。

4. 不等节拍流水施工的组织方法

(1)将拟建工程按通常做法划分成若干个施工过程并进行调整。主要施工过程要单列,某些次要施工过程可以合并,也可以单列,以便进度计划既简明清晰、重点突出,又能起到指导施工的作用。

(2)根据从事主导施工过程班组人数计算其流水节拍,或根据合同规定的工期,采用工期推算法确定主导施工过程的流水节拍。

(3)以主导施工过程的流水节拍为最大流水节拍,确定其他施工过程的流水节拍和施工班组人数。对主体结构工程的不等节拍施工,还应满足 $mt_{max} \geqslant \sum t_i + \sum t_j$ 的要求,以确保主导施工过程的连续。

(4)最后,绘制施工进度计划横道图。

【例1.6】 某基础工程,有基槽挖土、浇筑混凝土垫层、砌砖基础和基槽回填4个施工过程,其流水节拍分别为 $t_A = 3$ 天, $t_B = 1$ 天, $t_C = 4$ 天, $t_D = 2$ 天,拟划分4个施工段组织流水施工。根据施工技术要求,混凝土垫层完成后应养护1天才可进行下道工序施工。试计算相邻施工过程之间的流水步距 $\sum K_{i,i+1}$、流水组工期 T_L,并绘制流水施工进度计划图。

【解】 (1)确定流水步距 $\sum K_{i,i+1}$。 由已知条件可知,此工程可组织成不等节拍流水施工,其流水步距可用累加数列法。

①求各施工过程流水节拍的累加数列。

$$\sum t_A: \quad 3 \quad\quad 6 \quad\quad 9 \quad\quad 12$$
$$\sum t_B: \quad 1 \quad\quad 2 \quad\quad 3 \quad\quad 4$$
$$\sum t_C: \quad 4 \quad\quad 8 \quad\quad 12 \quad\quad 16$$
$$\sum t_D: \quad 2 \quad\quad 4 \quad\quad 6 \quad\quad 8$$

② 错位相减得差值。

$$
\begin{array}{r}
\sum t_A - \sum t_B: \quad 3 \quad 6 \quad 9 \quad 12 \quad 0 \\
-)\quad 0 \quad 1 \quad 2 \quad 3 \quad 4 \\
\hline
3 \quad 5 \quad 7 \quad 9 \quad -4
\end{array}
$$

$$
\begin{array}{r}
\sum t_B - \sum t_C: \quad 1 \quad 2 \quad 3 \quad 4 \quad 0 \\
-)\quad 0 \quad 4 \quad 8 \quad 12 \quad 16 \\
\hline
1 \quad -2 \quad -5 \quad -8 \quad -16
\end{array}
$$

$$
\begin{array}{r}
\sum t_C - \sum t_D: \quad 4 \quad 8 \quad 12 \quad 16 \quad 0 \\
-)\quad 0 \quad 2 \quad 4 \quad 6 \quad 8 \\
\hline
4 \quad 6 \quad 8 \quad 10 \quad -8
\end{array}
$$

③ 计算流水步距。

$$K_{A,B} = \max\{3,5,7,9,-4\} = 9 \text{ 天}$$
$$K_{B,C} = \max\{1,-2,-5,-8,-16\} = 1 \text{ 天}$$
$$K_{C,D} = \max\{4,6,8,10,-8\} = 10 \text{ 天}$$

（2）计算流水组工期 T_L。

$$T_L = \sum K_{i,i+1} + mt_n + \sum t_j - \sum t_d$$
$$= (9+1+10) \text{ 天} + 4 \times 2 \text{ 天} + 1 \text{ 天}$$
$$= 20 \text{ 天} + 8 \text{ 天} + 1 \text{ 天} = 29 \text{ 天}$$

（3）绘制流水施工进度计划如图 1.13 所示。

施工过程	工作时间	施工进度/天														
		2	4	6	8	10	12	14	16	18	20	22	24	26	28	30
A	12	①		②		③	④									
B	4					①②③④										
C	16						①		②		③		④			
D	8											①	②	③	④	

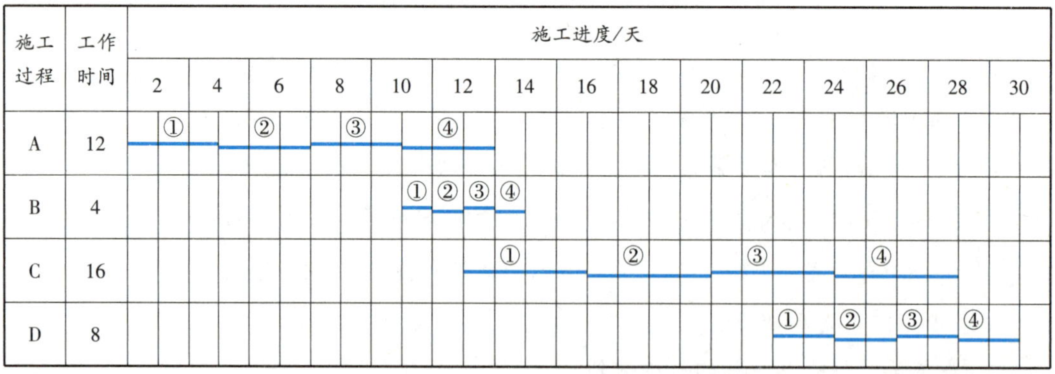

图 1.13　不等节拍流水施工进度计划

(五)无节奏流水施工

无节奏流水施工是指在流水施工中,同一施工过程在各个施工段上的流水节拍不完全相等的一种流水施工方式。它是流水施工的普遍形式。

1.无节奏流水施工的特征

(1)同一施工过程在各个施工段上的流水节拍不完全相等,不同施工过程之间的流水节拍也不完全相等;

(2)各施工过程之间的流水步距不一定完全相等且差异较大;

(3)各施工班组都能连续施工,施工段之间可能有空闲时间;

(4)施工班组数 n_i 等于施工过程数 n。

2.无节奏流水施工流水步距的确定

各施工过程均连续流水施工时,无节奏流水施工流水步距采用累加数列法确定,且仅有此种流水步距的计算方法。

3.无节奏流水施工的工期计算

无节奏流水施工的工期可按下式确定:

$$T_L = \sum K_{i,i+1} + T_N + \sum t_j - \sum t_d \tag{1.18}$$

式中 T_N——最后一个施工过程的总持续时间;其余符号含义同前。

4.无节奏流水施工的组织方法

组织无节奏流水施工的基本要求与不等节拍流水相同,即要保证各施工过程的工艺顺序合理,各施工班组在各施工段之间尽可能连续施工,在不得有两个或多个施工班组在同一施工段上交叉作业的条件下,最大限度地组织平行搭接施工,以缩短工期。

【例1.7】 某工程由 A、B、C、D 4 个施工过程组成,拟划分 5 个施工段组织流水施工,各施工过程的流水节拍见表1.4。根据施工技术要求,第 2 个施工过程完成后,要间歇 2 天方可进行后续施工过程的施工。试计算相邻施工过程之间的流水步距、工期,并绘制出施工进度计划。

表1.4 某工程的流水节拍

施工过程	施工段				
	①	②	③	④	⑤
A	3	5	4	2	3
B	4	6	3	4	2
C	2	3	4	3	3
D	6	4	2	4	3

【解】 (1)采用累加数列法确定流水步距。

①求各施工过程流水节拍的累加数列。

$$\sum t_A: \quad 3 \quad 8 \quad 12 \quad 14 \quad 17$$

$$\sum t_B: \quad 4 \quad 10 \quad 13 \quad 17 \quad 19$$

$$\sum t_C: \quad 2 \quad 5 \quad 9 \quad 12 \quad 15$$

$$\sum t_D: \quad 6 \quad 10 \quad 12 \quad 16 \quad 19$$

②错位相减得差值。

$$
\begin{array}{llllll}
\sum t_A - \sum t_B: & 3 & 8 & 12 & 14 & 17 & 0 \\
-) & 0 & 4 & 10 & 13 & 17 & 19 \\
\hline
& 3 & 4 & 2 & 1 & 0 & -19
\end{array}
$$

$$
\begin{array}{llllll}
\sum t_B - \sum t_C: & 4 & 10 & 13 & 17 & 19 & 0 \\
-) & 0 & 2 & 5 & 9 & 12 & 15 \\
\hline
& 4 & 8 & 8 & 8 & 7 & -15
\end{array}
$$

$$
\begin{array}{llllll}
\sum t_C - \sum t_D: & 2 & 5 & 9 & 12 & 15 & 0 \\
-) & 0 & 6 & 10 & 12 & 16 & 19 \\
\hline
& 2 & -1 & -1 & 0 & -1 & -19
\end{array}
$$

③计算流水步距。

$$K_{A,B} = \max\{3,4,2,1,0,-19\} = 4 \text{ 天}$$

$$K_{B,C} = \max\{4,8,8,8,7,-15\} = 8 \text{ 天}$$

$$K_{C,D} = \max\{2,-1,-1,0,-1,-19\} = 2 \text{ 天}$$

（2）计算工期。

$$T_L = \sum K_{i,i+1} + T_n + \sum t_i - \sum t_d = (4+8+2) \text{ 天} + 19 \text{ 天} + 2 \text{ 天} = 35 \text{ 天}$$

（3）绘制流水施工进度计划，如图1.14所示。

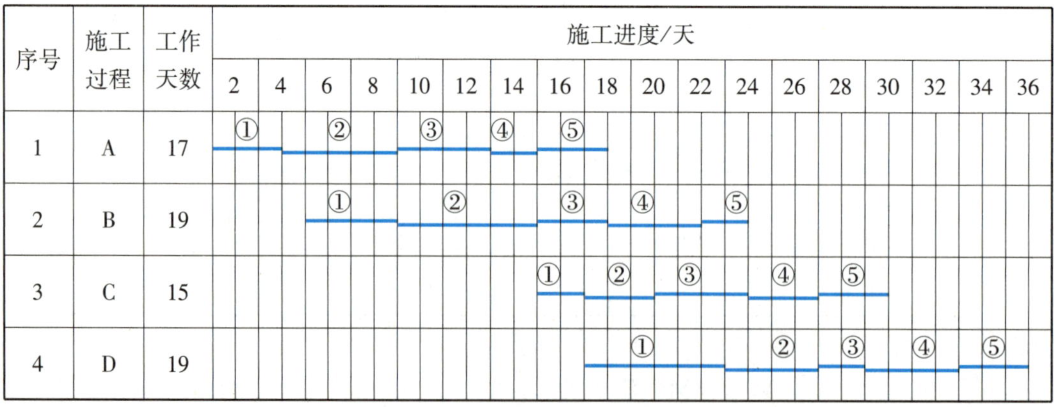

序号	施工过程	工作天数	施工进度/天																
			2	4	6	8	10	12	14	16	18	20	22	24	26	28	30	32	34	36
1	A	17	①		②		③		④		⑤									
2	B	19			①			②		③		④		⑤						
3	C	15								①		②		③		④		⑤		
4	D	19									①			②		③		④		⑤

图1.14　无节奏流水施工进度计划

（六）绘制施工进度计划横道图

横道图的绘制

1.绘制施工进度计划横道图的基本原则

（1）在组织一般建筑工程流水施工时，必须安排每个流水组中的主导施工过程在各施工段之间连续施工，其他施工过程也尽可能地安排连续施工，但为了缩短工期，某些次要施工过程应合理安排间断施工。

（2）在组织由多层结构组成的主体工程流水施工时，由于其施工工作面形成的条件比较特殊，因此必须安排其主导施工过程在各施工段、施工层之间连续施工，其他施工过程一律以主导施工过程的流水节拍为依据，合理安排间断施工。

（3）相邻两个施工过程之间，除技术间歇和必要的组织间歇外，要最大限度地安排搭接施工。

2.绘制施工进度计划横道图的方法

绘制施工进度计划横道图的方法有两种：一种是先用公式或通用计算方法计算出相邻施工过程之间的流水步距，然后再利用流水步距绘制横道图，但合理间断施工的无节奏流水无法计算流水步距，因此不能通过流水步距绘制横道图；另一种是不用计算流水步距，直接采用经验绘图法绘制横道图。

在实际工程施工中，编制施工进度计划横道图时，一般采用经验绘图法，不需计算流水步距。用专用公式计算出的施工工期，可作为制表时确定施工天数和检查绘图是否正确的依据。

【例1.8】　某基础工程，其施工过程的施工顺序、流水节拍如下：基槽挖土，$t_A=4$ 天；混凝土垫层，$t_B=1$ 天；钢筋混凝土条形基础，$t_C=2$ 天；砌砖基础墙（包括基础钢筋混凝土构造柱），$t_D=3$ 天；回填土，$t_E=2$ 天。垫层混凝土、条形基础混凝土浇筑完毕，要养护24 h（1 天）方可进行下一道工序施工。现已划分4 个施工段组织流水施工。试用经验绘图法绘制施工进度计划横道图。

【解】　各施工过程全部连续流水施工时，其施工进度计划横道图如图1.15 所示。

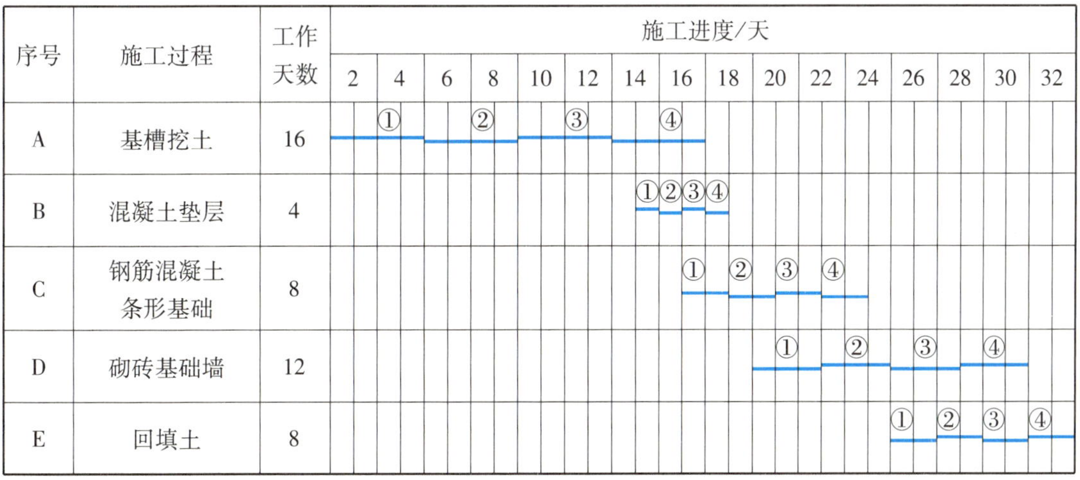

序号	施工过程	工作天数	施工进度/天
A	基槽挖土	16	①②③④ 连续（2~18）
B	混凝土垫层	4	①②③④（14~18）
C	钢筋混凝土条形基础	8	①②③④（16~24）
D	砌砖基础墙	12	①②③④（18~30）
E	回填土	8	①②③④（24~32）

图 1.15　不等节拍流水施工进度横道图

(1)绘制施工过程 A 基槽挖土的横道线。

绘制规则:一般工程的流水组中,第一个施工过程的横道线一律从流水施工的第 1 天开始画线,依次连续地"从前往后"分段画出各施工段的横道线。相邻两个施工段的横道线应上下相错,以便示明施工段的分段界限。因为本例的第一个施工过程是基槽挖土,每段用 4 天完成,4 段共用 16 天完成,所以基槽挖土的横道线从第 1 天开始,分段连续画到第 16 天。

(2)绘制施工过程 B 混凝土垫层的横道线。

绘制规则:$t_i > t_{i+1}$ 时,后一个施工过程采用"倒排"的方法,即前一个施工过程最后一段绘制完成后,立即进行后一个施工过程最后一段的绘制。如果两个施工过程之间有技术间歇,首先应在绘制后一个施工过程最后一段横道线时留出技术间歇时间,然后以画好的后一个施工过程的最后一段横道线为基准,"从后往前"依次连续分段画出其他各段的横道线。

本例的第二个施工过程是混凝土垫层,每层要用 1 天完成。因为 $t_A = 4$ 天 $> t_B = 1$ 天,且施工过程 A、B 之间无技术间歇,所以第 4 段基槽挖土完成后,应立即浇筑第④段的混凝土垫层,绘制其横道线(在第 17 天位置),然后"从后往前"依次连续地分段画出第③、第②、第①施工段的横道线,即从第 16 天分段画至第 14 天。

(3)绘制施工过程 C 钢筋混凝土条形基础的横道线。

绘制规则:$t_i \leqslant t_{i+1}$ 时,后一个施工过程采用"从前往后画横道线"的方法,即前一个施工过程第一段完成后,立即进行后一个施工过程第一个施工段施工,如果两个施工过程之间有技术间歇,应在绘制后一个施工过程的第一个施工段的横道线时留出技术间歇时间,然后以前一个施工段的横道线作为基准,"从前往后"依次连续地分段画出其他各段的横道线。

本例的施工过程 C 是钢筋混凝土条形基础,每段要用 2 天完成。因为 $t_B = 1$ 天 $< t_C = 2$ 天,且两个相邻施工过程之间有技术间歇 $t_j = 1$ 天,所以①段混凝土垫层完成并养护 1 天后,应立即进行①段现浇钢筋混凝土条形基础的施工,并绘制①段的横道线(本例第一段的横道线在第 16、17 天的位置),然后采用"从前往后画横道线"的方法依次连续地分段画出②、③、④段的横道线,使现浇钢筋混凝土条形基础的横道线在第 16 天至第 23 天的位置。

(4)绘制施工过程 D 砌砖基础墙的横道线。

本例的施工过程 D 是砌砖基础墙,每段要用 3 天时间完成。因为 $t_C = 2$ 天 $< t_D = 3$ 天,且两个相邻施工过程之间的技术间歇时间 $t_j = 1$ 天,所以应采用"从前往后画横道线"的方法。即①施工段钢筋混凝土条形基础现浇完成并养护 1 天后,应立即进行①段的砌筑砖基础墙的施工,并在第 19 天至第 21 天的位置绘制①段的横道线,然后"从前往后"依次连续地分段画出②、③、④段的横道线,使砌砖基础墙的横道线在第 19 天至第 30 天的位置。

(5)绘制施工过程 E 回填土的横道线。

本例施工过程 E 是回填土,每段用 2 天时间完成。因为 $t_D = 3$ 天 $> t_E = 2$ 天,且两个相邻施工过程之间无技术间歇,所以应采用"从后往前画横道线"的方法。即最后一个施工段砖砌基础墙完成后,应立即进行最后一个施工段的回填土施工,并在第 31 天、第 32 天的位置绘制最后一个施工段回填土施工的横道线,然后"从后往前"依次连续地分段画出③、②、①段的横道线,使回填土的横道线在第 25 天至第 32 天的位置。

本例的基础工程施工进度横道图绘制完成后,可以用公式计算各相邻两个施工过程的流水步距和施工工期,检查其是否与经验绘图法绘制的横道图一致。检查结果证明两者是一致的,说明经验绘图法是正确的。

经验绘图法可概括如下:$t_i \leq t_{i+1}$ 时,后一个施工过程的横道线应采用"从前往后画"的方法;$t_i > t_{i+1}$ 时,后一个施工过程的横道线应采用"从后往前画"的方法。

合理间断流水施工时,采用经验绘图法绘制施工进度横道图的方法与绘制全部连续流水施工进度横道图的方法基本相同。只是在比较相邻施工过程流水节拍值大小时,合理间断的施工过程应考虑流水间断时间。

 ## 思考与练习

(一) 单项选择题

1. 已知某施工项目分为 4 个施工段,甲工作和乙工作在各施工段上的持续时间分别为 4 天、2 天、3 天、2 天和 2 天、2 天、3 天、3 天,若组织流水施工,则甲乙之间应保持(　　)流水步距。

　　A.5 天　　　　　　B.2 天　　　　　　C.3 天　　　　　　D.4 天

2. 某工程有 3 个施工过程进行施工,其流水节拍分别为 2 天、4 天、6 天,这 3 个施工过程组成成倍节拍流水,流水步距为(　　)。

　　A.1 天　　　　　　B.2 天　　　　　　C.3 天　　　　　　D.4 天

3. 某工程分 3 个施工过程,3 个施工段,流水节拍为 4 周。甲与乙之间有技术间歇 1 周,工程的总工期为(　　)。

　　A.19 周　　　　　　B.20 周　　　　　　C.21 周　　　　　　D.22 周

4. 同一施工过程的流水节拍相等,不同施工过程的流水节拍不尽相等,但它们之间有整数倍关系,则一般可采用的流水组织方式为(　　)。

　　A.有节奏流水　　B.等节奏流水　　C.无节奏流水　　D.非节奏流水

5. 加快的成倍节拍流水施工的特点是(　　)。

　　A.同一施工过程中各施工段的流水节拍相等,不同施工过程的流水节拍为倍数关系

　　B.同一施工过程中各施工段的流水节拍不尽相等,其值为倍数关系

　　C.专业工作队数等于施工过程数

　　D.专业工作队在各施工段之间可能有间歇时间

(二) 多项选择题

1. 全等节拍流水施工的特点不包括(　　)。

　　A.各专业队在同一施工段流水节拍固定

　　B.各专业队在施工段可间歇作业

　　C.各专业队在各施工段的流水节拍均相等

　　D.专业队数等于施工段数

2. 划分施工段,通常应遵循(　　)等基本原则。

　　A.各施工段上的工程量大致相等

B. 能充分发挥主导机械的效率

C. 对多层建筑物,施工段数应小于施工过程数

D. 保证结构整体性

E. 对多层建筑物,施工段数应不小于施工过程数

3. 组织流水作业的基本方式有(　　)。

　　A. 全等节拍流水　　B. 分别流水　　C. 成倍节拍流水　　D. 平行作业　　E. 依次作业

4. 下列不属于异节奏流水施工的特点是(　　)。

　　A. 同一施工过程在各施工段上的流水节拍彼此相等

　　B. 专业工作队数等于施工过程数

　　C. 流水步距彼此相等,并等于流水节拍

　　D. 专业工作队数大于施工过程数

　　E. 各专业工作队都能连续施工,个别施工段可能有空闲

5. 流水施工的工艺参数主要包括(　　)。

　　A. 施工过程　　　　B. 施工段　　　　C. 流水强度　　　　D. 施工层　　　　E. 流水步距

(三)判断题

1. 施工组织的基本方式有 3 种:等节拍、不等节拍、无节奏流水施工。　　　　　　　　(　　)

2. 为了缩短工期,流水施工采用增加工作队的方法加快施工进度,施工段划分得越多越好。

　　　　　　　　　　　　　　　　　　　　　　　　　　　　　　　　　　　　　　　(　　)

3. 为了保证施工顺利,施工准备工作应在施工开始前完成。　　　　　　　　　　　　　(　　)

(四)计算题

1. 已知某分部分项工程有 3 个施工过程,其流水节拍分别为 $t_1 = 6$ 天、$t_2 = 2$ 天、$t_3 = 4$ 天,其中,t_1 与 t_2 之间技术停歇时间为 1 天,有 4 个施工层,层间技术停歇时间为 1 天,试确定该分部分项工程的流水步距和施工段数,并计算工期。

2. 某工程施工,分成 4 个施工段,有 3 个施工过程,且施工顺序为 A→B→C→D,各施工过程的流水节拍均为 2 天,试组织流水施工并计算工期。

任务五　流水施工的具体应用

任务描述与分析

本任务通过“多层砖混结构房屋流水施工”实例来阐述流水施工的具体应用。

流水施工的组织程序如下:

(1)确定施工顺序,划分施工过程;

(2)确定施工层,划分施工段;

(3)确定施工过程的流水节拍;

（4）确定流水方式及专业队伍数；

（5）确定流水步距；

（6）组织流水施工，计算工期。

本任务的具体要求是让同学们掌握流水施工的组织程序，并能描述流水施工编制的全过程。

知识与技能

某工程为一幢3单元6层砖混结构房屋，建筑面积3 260.7 m²，基础为钢筋混凝土条形基础，上做砖砌条形基础；0.8 m厚换土垫层，100 mm厚混凝土垫层；主体工程为砖墙承重；客厅楼板、厨房、卫生间、楼梯为现浇混凝土，其余楼板为预制空心楼板；各层有圈梁、构造柱。本工程室内采用一般抹灰，普通涂料刷白；楼地面为水泥砂浆地面；铝合金窗、胶合板门，外墙贴白色面砖。屋面保温材料选用保温蛭石板，防水层选用4 mm厚SBS改性沥青防水卷材。其分项工程劳动量一览表见表1.5。

表1.5 某幢3单元6层砖混结构房屋劳动量一览表

序 号	分项工程名称	劳动量/工日或台班	序 号	分项工程名称	劳动量/工日或台班
一	基础工程		15	预制楼板安装、灌缝	128
1	开挖基础土方（含换土垫层）	236	三	屋面工程	
2	浇筑100 mm厚混凝土垫层	27	16	屋面保温隔热层	162
3	绑扎基础钢筋（含构造柱筋）	32	17	屋面找平层	36
4	基础模板	53	18	屋面防水层	45
5	浇筑混凝土基础	86	四	装饰工程	
6	砌砖基础	196	19	地面垫层	86
7	基础回填土	79	20	门窗框安装	26
8	室内回填土	67	21	外墙贴砖	1 192
二	主体工程		22	顶棚抹灰	436
9	脚手架（含安全网）	265	23	内墙抹灰	921
10	构造柱钢筋	116	24	楼地面及楼梯抹灰	548
11	砌砖墙	1 605	25	门窗扇安装	320
12	圈梁、楼板、构造柱、楼梯模板	316	26	油漆、涂料	308
13	圈梁、楼板、楼梯钢筋	389	27	散水、勒脚、台阶及其他	61
14	梁、板、柱、楼梯混凝土	518	28	水、暖、电	

对砖混结构多层房屋的流水施工，一般先考虑分部工程的流水，然后再考虑各分部之间的相互搭接施工。

（一）基础工程

1. 划分施工项目和施工段

由表 1.5 中可知，本工程的基础工程共有 8 个工序，可合并成基槽挖土、混凝土垫层、浇筑钢筋混凝土条形基础、砌砖基础墙和基础、室内地坪回填土 5 个分项工程。其中，基础挖土的劳动量最大，为主导施工过程。由于浇筑混凝土垫层的劳动量较小，可与基槽挖土合并为一个施工过程。本分部拟采用一班制、划分 3 个施工段（$m=3$）组织全等节拍流水施工（此处暂不考虑实际存在的"验槽"施工过程，以使施工进度的编制简单化）。

2. 确定各施工过程的流水节拍

挖土及垫层的劳动量为 236+27＝263 个工日，施工班组人数为 30 人，采用一班制施工，其流水节拍计算如下：

$$t_{挖土} = \frac{P}{R \times m \times b} = \frac{263}{30 \times 3 \times 1} \text{天} = 2.92 \text{天} \approx 3 \text{天}$$

钢筋混凝土条形基础绑扎钢筋、支模板和浇筑混凝土合并为一个施工过程，其劳动量为 32+53+86＝171 个工日，施工班组人数为 20 人，一班制施工，其流水节拍为：

$$t_{混凝土基础} = \frac{171}{20 \times 3 \times 1} \text{天} = 3 \text{天}$$

砌砖基础劳动量为 196 个工日，施工班组人数为 22 人，一班制施工，其流水节拍为：

$$t_{砖基} = \frac{196}{22 \times 3 \times 1} \text{天} = 3 \text{天}$$

基础、室内地坪回填土合为一个施工工程，劳动量为 79+67＝146 个工日，施工班组人数为 18 人，一班制施工，其流水节拍为：

$$t_{回填} = \frac{146}{18 \times 3 \times 1} \text{天} = 3 \text{天}$$

3. 工期计算

$$T_L = (m + n - 1) + \sum t_j - \sum t_d = (3 + 4 - 1) \times 3 \text{天} = 18 \text{天}$$

（二）主体工程

1. 划分施工项目和施工段

主体工程包括搭设外脚手架，立构造柱钢筋，砌砖墙，现浇钢筋混凝土圈梁、构造柱、楼板、楼梯的模板，绑扎圈梁、楼板、楼梯钢筋并浇筑混凝土，预制楼板安装、灌缝等施工过程。其中，砌砖墙为主导施工过程，而安装外脚手架是砌砖墙的一道工序，因其劳动量较小，不是主导施工过程，通常不列入流水施工，按非流水过程处理。本分部工程每层划分为 3 个施工段组织流水施工，即每层为一个施工段，则总施工段数为 3×6＝18。

为保证主导施工过程（砌砖墙）能连续施工，不发生层间间断，将现浇梁、板、柱及预制楼板安装、灌缝安排为间断流水施工。

2. 确定各施工过程的流水节拍

立构造柱钢筋的劳动量为 116 个工日,施工班组人数为 7 人,一班制施工,其流水节拍为:

$$t_{柱筋} = \frac{116}{7 \times 3 \times 6 \times 1} \text{ 天} = 0.92 \text{ 天} \approx 1 \text{ 天}$$

砌砖墙主导施工过程,劳动量为 1 605 个工日,施工班组人数为 30 人,一班制施工,其流水节拍为:

$$t_{砌墙} = \frac{1\ 605}{30 \times 3 \times 6 \times 1} \text{ 天} = 2.97 \text{ 天} \approx 3 \text{ 天}$$

支模板劳动量为 316 个工日,一班制施工,施工班组人数为 18 人,流水节拍为:

$$t_{模板} = \frac{316}{18 \times 3 \times 6 \times 1} \text{ 天} = 0.98 \text{ 天} \approx 1 \text{ 天}$$

绑扎钢筋劳动量为 389 个工日,一班制施工,施工班组人数为 22 人,流水节拍为:

$$t_{梁板筋} = \frac{389}{22 \times 3 \times 6 \times 1} \text{ 天} = 0.98 \text{ 天} \approx 1 \text{ 天}$$

浇筑混凝土劳动量为 518 个工日,三班制施工,施工班组人数为 10 人,流水节拍为:

$$t_{混} = \frac{518}{10 \times 3 \times 6 \times 3} \text{ 天} = 0.96 \approx 1 \text{ 天}$$

预制楼板安装、灌缝劳动量为 128 个工日,施工班组人数为 8 人,一班制施工,其流水节拍为:

$$t_{安装} = \frac{128}{8 \times 3 \times 6 \times 1} \text{ 天} = 0.89 \text{ 天} \approx 1 \text{ 天}$$

3. 工期计算

由于主体只有砌砖墙采用连续施工,其他采用间断施工,无法利用公式计算主体工程的工期。现采用分析计算法,即 6 层共 18 段砌砖墙的持续时间之和加上其他施工过程的流水节拍(有技术间歇时,再加上间歇时间),即可求得主体施工阶段的施工工期。

$$T_{L2} = t_{柱筋} + 18 \times t_{墙} + t_{模板} + t_{梁板筋} + t_{混} + t_{安装} = 1 \text{ 天} + 18 \times 3 \text{ 天} + 1 \text{ 天} + 1 \text{ 天} + 1 \text{ 天} + 1 \text{ 天} = 59 \text{ 天}$$

(三)屋面工程

1. 划分施工项目和施工段

屋面工程包括屋面保温隔热层、屋面找平层、屋面防水层等施工过程。考虑屋面防水要求高,所以不分段,采用依次施工的方式。其中,屋面找平层完成后需要有一段养护和干燥时间,方可进行防水层施工。

2. 确定各施工过程的流水节拍

屋面保温隔热层劳动量为 162 个工日,施工班组人数为 30 人,一班制施工,其施工持续时间为:

$$t_{保温} = \frac{162}{30 \times 1} \text{ 天} = 6 \text{ 天}$$

屋面找平层劳动量为 36 个工日,施工班组人数为 18 人,一班制施工,其施工持续时间为:

$$t_{找平} = \frac{36}{18 \times 1} \text{ 天} = 2 \text{ 天}$$

屋面找平层完成后,安排 7 天的养护和干燥时间,方可进行屋面防水层的施工。SBS 改性沥青防水层劳动量为 45 个工日,安排 9 人一班制施工,其施工持续时间为:

$$t_{防水} = \frac{45}{9 \times 1} \text{ 天} = 5 \text{ 天}$$

3. 工期计算

$$T_{13} = t_{保温} + t_{找平} + t_{防水} + t_{养护} = 6 \text{ 天} + 2 \text{ 天} + 5 \text{ 天} + 7 \text{ 天} = 20 \text{ 天}$$

(四)装修工程

1. 划分施工项目和施工段

装修工程包括地面垫层、门窗框安装、外墙面砖、内墙和顶棚抹灰、楼地面及楼梯抹灰、铝合金窗扇和木门安装,以及油漆、涂料、散水、勒脚、台阶等施工过程。每层划分为 1 个施工段($m=6$),采用自上而下的顺序施工,考虑屋面防水层完成与否对顶层顶棚内墙抹灰的影响,顶棚内墙抹灰采用 5 层→4 层→3 层→2 层→1 层→6 层的起点流向。地面垫层属穿插施工过程,不必组织流水。本分部工程中,抹灰工程是主导施工过程,考虑维修工程内部各施工过程之间劳动力的调配,安排适当的组织间歇时间组织流水施工。

2. 确定各施工过程的流水节拍

地面垫层劳动量为 86 个工日,安排在主体工程结束,楼地面抹灰前完成,施工班组人数为 18 人,一班制施工,施工持续时间为:

$$t_{垫层} = \frac{86}{18 \times 1} \text{ 天} = 5 \text{ 天}$$

顶棚和内墙抹灰劳动量为 1 357 个工日,是分部工程的主体施工过程,施工班组人数为 40 人,一班制施工,其流水节拍为:

$$t_{抹灰} = \frac{1\ 357}{40 \times 6 \times 1} \text{ 天} = 6 \text{ 天}$$

外墙面砖劳动量为 1 192 个工日,施工班组人数为 40 人,一班制施工,其流水节拍为:

$$t_{外墙} = \frac{1\ 192}{40 \times 1} \text{ 天} = 30 \text{ 天}$$

楼地面及楼梯抹灰劳动量为 548 个工日,施工班组人数为 24 人,一班制施工,其流水节拍为:

$$t_{地面} = \frac{550}{24 \times 6 \times 1} \text{ 天} = 4 \text{ 天}$$

门窗框扇安装合并为一个施工过程,劳动量为 346 个工日,施工班组人数为 14 人,一班制施工,其流水节拍为:

$$t_{安装} = \frac{346}{14 \times 6 \times 1} \text{ 天} = 4 \text{ 天}$$

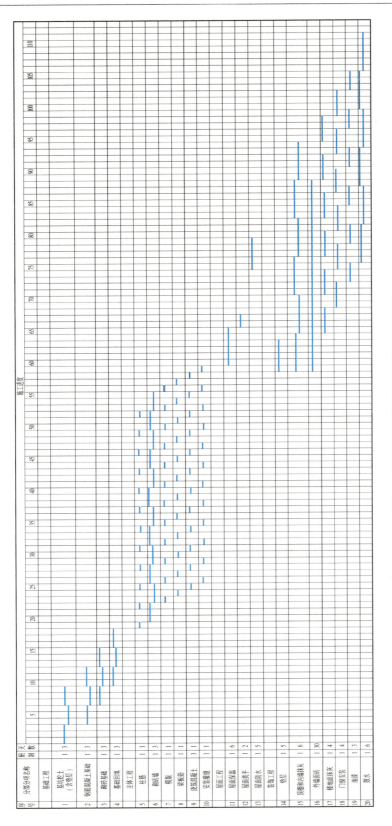

图1.16 多层砖混结构房屋流水施工进度计划

内墙涂料、油漆劳动量为308个工日,施工班组人数为18人,一班制施工,流水节拍为:

$$t_{油漆} = \frac{308}{18 \times 6 \times 1} 天 = 3 \ 天$$

室外散水、台阶等劳动量为61个工日,施工班组人数为10人,一班制施工,施工持续时间为:

$$t_{散水} = 6 \ 天$$

3. 工期计算

外墙面砖与室内抹灰平行施工,不占工期。其他施工过程的节拍值都小于主导施工过程的节拍值,工期的计算可采用分析计算法计算:

$$T_{L4} = 6 \times t_{抹灰} + t_{地面} + t_{安装} + t_{油漆} + t_{散水} = 6 \times 6 \ 天 + 4 \ 天 + 4 \ 天 + 3 \ 天 + 6 \ 天 = 53 \ 天$$

本工程流水施工进度计划如图1.16所示。

思考与练习

(一)单项选择题

1.已知甲、乙两个施工过程,施工段数为4,甲的流水节拍分别为2天、4天、3天、2天;乙的流水节拍分别为3天、3天、2天、2天,组织流水施工,甲、乙两施工过程的流水步距为( )。

　A.2天　　　　B.1天　　　　C.4天　　　　D.3天

2.某二层现浇钢筋混凝土建筑结构的施工,其主体工程由支模板、绑钢筋和浇混凝土3个施工过程组成,每个施工过程在施工段上的延续时间均为5天,划分为3个施工段,则总工期为( )天。

　A.35　　　　　B.40　　　　　C.45　　　　　D.50

3.当各施工过程的持续时间保持不变时,则增加施工段数,工期将( )。

　A.不变　　　B.变长　　　C.缩短　　　D.无法确定

4.已知施工过程数为5,流水节拍为4天,施工段为4,无技术间歇和组织间歇,组织有节奏流水施工,其工期为( )。

　A.32天　　　B.36天　　　C.40天　　　D.35天

5.建设工程组织流水施工时,其特点之一是( )。

　A.同一时间段只能有一个专业队投入流水施工

　B.由一个专业队在各施工段上依次施工

　C.各专业队按施工顺序应连续、均衡地组织施工

　D.施工现场的组织管理简单,工期最短

(二)计算题

1.某现浇钢筋混凝土结构由支模板、绑钢筋和浇混凝土3个分项工程组成,分3段组织施工,各施工过程的流水节拍分别为支模板6天、绑钢筋4天、浇混凝土2天。试按成倍节拍流水组织施工。

2. 某工程有 A、B、C、D 4 个施工过程,划分为 4 个施工段,每个施工过程的流水节拍分别为 4 天、3 天、3 天、4 天;施工过程 B 和 C 之间有 2 天技术间歇时间,施工过程 C 和 D 之间可以搭接 1 天。试按成倍节拍流水组织施工。

3. 某工程有 3 个施工过程,划分为 6 个施工段,各施工过程在各施工段上的流水节拍不完全相同,各施工过程在各施工段上的流水节拍如表 1.6 所示。试组织无节奏流水施工。

表 1.6　各施工段上的流水节拍

施工过程	施工段					
	1	2	3	4	5	6
A	3	3	2	2	2	2
B	4	2	3	2	2	3
C	2	2	3	3	3	2

考核与鉴定一

(一) 单项选择题

1. 以下不属于空间参数的是( )。

 A. 工作面   B. 施工段数   C. 施工过程数   D. 流水强度

2. 工程项目最有效的科学组织方法是( )。

 A. 平行施工   B. 顺序施工   C. 流水施工   D. 依次施工

3. 在拟建工程任务十分紧迫、工作面允许以及资源保证供应的条件下,可以组织( )。

 A. 平行施工   B. 顺序施工   C. 流水施工   D. 依次施工

4. 在组织流水施工时,用来表达流水施工时间参数的是( )。

 A. 施工过程和施工段   B. 流水节拍和流水步距

 C. 流水过程和流水强度   D. 流水过程和流水步距

5. 如果施工段不变,若流水步距越大,则工期( )。

 A. 越小   B. 不变   C. 越大   D. 不能确定

6. 某工程有 5 个施工过程进行施工,其流水节拍均为 2 天,一、二施工过程的技术间歇为 2 天,则施工段数最少为( )。

 A. 4   B. 5   C. 6   D. 7

7. 某工程有 3 个施工过程进行施工,其流水节拍分别为 4 天、4 天、6 天,这 3 个施工过程组成成倍节拍流水,计算总工期为( )天。

 A. 14   B. 16   C. 18   D. 20

8. 全长 10 km 的一级公路,按照异节奏流水组织施工,计划分 10 段施工,每段长 1 km,分路槽开挖、路基、路面和配套设施 4 个施工过程,预计各施工过程单段施工时间分别为 20 天、40 天、40 天和 20 天,则公路工程计算总工期为( )天。

 A. 120   B. 300   C. 320   D. 1 200

9. 某工程由支模板、绑钢筋、浇混凝土 3 个分项工程组成,它在平面上划分为 6 个施工段,该 3 个分项工程在各个施工段上流水节拍依次为 6 天、4 天和 2 天,若工作面满足要求,把支模板工人数增加 2 倍,绑钢筋工人数增加 1 倍,混凝土工人数不变,则最短工期为( )天。

    A. 16   B. 18   C. 20   D. 22

10. 某工程由 4 个分项工程组成,平面上划分为 4 个施工段,各分项工程在各施工段上流水节拍均为 3 天,该工程工期为( )天。

    A. 12   B. 15   C. 18   D. 21

11. 某分部工程划分为 4 个施工过程,5 个施工段进行施工,流水节拍均为 4 天,组织有节奏流水施工,则流水施工的工期为( )天。

    A. 40   B. 30   C. 32   D. 36

12. 某工程由支模板、绑钢筋、浇混凝土 3 个分项工程组成,它在平面上划分为 6 个施工段,该 3 个分项工程在各个施工段上流水节拍依次为 6 天、4 天和 2 天,则其工期最短的流水施工方案为( )天。

    A. 38   B. 40   C. 42   D. 44

13. 工程的自然条件资料有( )等资料。

    A. 交通运输   B. 供水供电条件   C. 地方资源   D. 地形资料

14. 建筑施工的流动性是由建筑产品的( )决定的。

    A. 固定性   B. 多样性   C. 庞体性   D. 复杂性

15. 在建设工程项目施工中处于中心地位,对建设工程项目施工负有全面管理责任的是( )。

    A. 施工现场业主代表   B. 项目总监理工程师

    C. 施工企业项目经理   D. 施工现场技术负责人

16. 一个学校的教学楼的建设属于( )。

    A. 单项工程   B. 单位工程   C. 分部工程   D. 分项工程

17. 当组织楼层结构的流水施工时,为保证各施工班组均能连续施工,每一层划分的施工段数 M_0 与施工过程数 N 之间,应满足以下关系( )

    A. $M_0 = N$ B. $M_0 < N$ C. $M_0 \geq N$ D. $M_0 > N$

18. 某工程分 3 个施工段组织流水施工,若甲、乙施工过程在各施工段上的流水节拍分别为 5 天、4 天、1 天和 3 天、2 天、3 天,则甲、乙两个施工过程的流水步距为( )天。

    A. 3   B. 4   C. 5   D. 6

19. 如果施工流水作业中的流水步距相等,则该流水作业( )。

    A. 必定是等节奏流水   B. 必定是异节奏流水

    C. 必定是无节奏流水   D. 以上都不是

20. 某流水组中,设 $m=4$,$n=3$,$t_A=6$ 天;$t_B=8$ 天;$t_C=4$ 天。在资源充足、工期紧迫的条件下适宜的组织是( )。

    A. 固定节拍流水   B. 成倍节拍流水

    C. 流水线法   D. 无节奏流水

（二）计算题

1. 已知某分部分项工程流水节拍为 $t_1 = 4$ 天、$t_2 = 8$ 天、$t_3 = 8$ 天。其中，t_1 与 t_2、t_2 与 t_3 之间技术停歇各 2 天，有 3 个施工层，层间技术停歇时间为 4 天，试确定流水步距 K、施工段数 m，并计算工期。

2. 某分项工程由 Ⅰ，Ⅱ，Ⅲ 3 个施工过程组成，已知流水节拍均为 $t = 4$ 天。其中，Ⅱ 与 Ⅲ 之间有技术间歇 2 天。本工程有 6 个施工层，层间有组织间歇 2 天。现拟组织等节拍流水施工，试确定流水步距、施工段数，并计算工期。

3. 已知某分部分项工程的流水节拍为 $t_1 = t_2 = t_3 = 3$ 天，其中，t_1 与 t_2 之间技术停歇时间为 1 天，t_2 与 t_3 之间技术停歇时间为 2 天，有 7 个施工层，层间无技术停歇时间，试确定该分部分项工程的流水步距、施工段数，并计算工期。

4. 某分部工程有 5 个施工过程，4 个施工段，各施工过程在各施工段上的工作持续时间见下表，无技术、组织间歇。试组织无节奏专业流水施工，并计算工期。

施工过程				
A				
B				
C				
D				
E				

模块二　网络计划技术

网络计划技术是一种科学的计划管理方法,它是随着现代科学技术和工业生产的发展而产生的。1956年,美国杜邦公司研究创立了网络计划技术的关键路径法(Critical Path Method, CPM),并试用于一个化学工程中,取得了良好的经济效果。20 世纪 60 年代初期,网络计划技术在美国得到了推广,在新建工程中采用这种计划管理新方法,并将该方法推广到日本和西欧其他国家。

我国对网络计划技术的研究与应用起步较早。1965 年,著名数学家华罗庚教授首先在我国的生产管理中推广和应用了这些新的计划管理方法,并根据网络计划统筹兼顾、全面规划的特点,将其称为统筹法。目前,网络计划技术已成为我国工程建设领域中推行的项目法施工、工程建设监理、工程项目管理和工程造价管理等方面必不可少的现代化管理方法。

本模块主要有四大任务,即认识施工进度计划表达方式、绘制双代号网络计划、掌握双代号网络计划时间参数计算方法、编制施工进度计划。

 学习目标

(一)知识目标

1.能区分工程进度计划的不同表达方式;
2.能掌握双代号网络计划的构成要素、绘制方法及时间参数的计算方法;
3.能理解单位工程网络计划的编制方法。

(二)技能目标

1.能读懂双代号网络计划图;
2.能独立绘制简单的双代号网络计划图及确定关键线路;
3.能在教师的指导下编制单位工程网络计划。

（三）素养目标

1. 通过编制网格计划图，做到知行合一，养成用辩证的眼光看待问题，提高分析、推理、判断问题的能力；

2. 通过计算双代号网络计划时间参数，养成精益求精的习惯，进而树立职业规范。

任务一 认识施工进度计划的表达方式

任务描述与分析

目前，网络计划技术用来表示工程施工进度计划，已经广泛运用在建筑工程中。而施工进度计划的表达方式多种多样。本任务的具体要求是能理解网络计划技术的基本原理，区分施工进度计划不同的表达方式，能读懂施工进度计划中横道图和网络计划图，能说出横道图和网络计划图的优缺点，从而养成认真分析的工作习惯、严谨的工作态度。

知识与技能

（一）网络计划技术的基本原理

网络计划是表达工序计划的一种工具，工程上用来表示工程施工的进度计划。它既是一种科学的计划表达方法，又是一种有效的施工管理方法。其基本原理是：先以网络图的形式表示出施工过程（工序）的先后顺序（称为逻辑关系）；然后通过时间参数计算找出关键的线路及施工过程；再根据工期、成本、质量、资源等目标要求进行调整，选择优化方案，以期达到以最小的消耗取得最大的经济效益。

（二）施工进度计划的表达方式

施工进度计划表示的基本方法主要有横道图（图2.1）和网络图。用网络图表达任务构成、工作顺序并加注工作时间参数的进度计划称为网络计划。

网络计划的种类很多，按表达方式的不同，分为双代号网络计划（图2.2）和单代号网络计划（图2.3）；按网络计划终点节点个数的不同，分为单目标网络计划和多目标网络计划；按参数类型的不同，分为肯定型网络计划和非肯定型网络计划；按工序之间衔接关系的不同，分为一般网络计划和搭接网络计划；按计划时间的表达不同，分为时标网络计划（图2.4）和非时标网络计划；按计划的工程对象不同和使用范围大小，分为局部网络计划、单位工程网络计划和综合网络计划。

【例2.1】 有3幢相同房屋的基础工程，其施工过程及工程量、劳动定额等有关数据见表

2.1。现以一幢房屋为一个施工段,采用流水施工方式组织施工。分别采用横道图、双代号网络计划图、单代号网络计划图和时标网络计划图表示其施工进度计划,如图 2.1—图 2.4 所示。

表 2.1　一幢房屋基础的施工过程及其工程量、工作天数等指标

施工过程	工程量		时间定额	劳动量/工日		人数	工作班次	工作天数	工种
	数量	单位		计算用工	计划用工				
挖土方	143	m³	0.421	60.2	60	15	1	4	普工
基础	23	m³	0.810	18.6	20	10	1	2	普工
基础回填土	42	m³	0.200	8.4	8	8	1	1	普工

施工过程	工作天数	施工进度/天														
		1	2	3	4	5	6	7	8	9	10	11	12	13	14	15
挖土方	4			①				②				③				
基础	2									①		②		③		
基础回填土	1													①	②	③

图 2.1　流水施工横道图

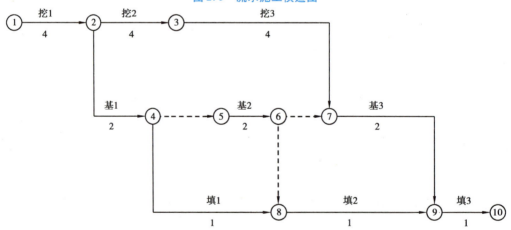

图 2.2　双代号网络计划图

比较横道图和网络图

(三)横道图与网络图的比较

横道图的优点是简单、明晰、形象、易懂,使用方便,这也正是它至今还在世界各国广泛流行的原因。但它有如下缺点:

(1)不能全面反映整个施工活动中各工序之间的联系和相互依赖与制约的关系;

(2)不能反映整个计划任务中的关键所在,分不清主次,使人们抓不住工作的重点,看不到计划中的潜力,不知道怎样正确地缩短工期,如何降低成本;

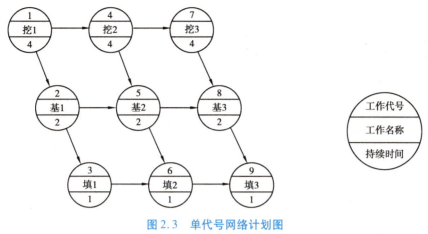

图 2.3 单代号网络计划图

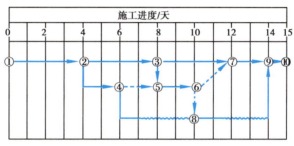

图 2.4 双代号时标网络计划图

(3)不适宜采用计算机手段,尤其对规模庞大、工作关系复杂的工程项目,横道图计划法很难"尽如人意"。

网络计划技术与横道图相比,具有逻辑严密、突出关键、便于优化和动态管理的优点,正好克服了横道图的缺点。用网络计划法表示出来的是一种呈网状图形的计划,它从工程的整体出发,统筹安排,明确表现了施工过程中所有各工序之间的逻辑关系和彼此之间的联系,把计划变成了一个有机整体;同时,突出了管理工作应抓住的关键工序,显示了各工序的机动时间,从而使掌握计划的管理人员做到胸有全局,也知道从何下手去缩短工期,怎样更好地使用人力和设备资源,经常处于主动地位,使工程获得好快省、安全的效果。

 思考与练习

(一)单项选择题

1.网络计划技术与横道图计划法相比,不具有( )特点。

    A.逻辑严密   B.突出关键   C.动态管理   D.不便优化

2.( )是用来表达工序计划的一种工具,工程上用来表示工程施工的进度计划。

    A.进度表   B.网络计划   C.流水图   D.施工方案

（二）多项选择题

1. 施工进度计划表示的基本方法主要有（　　　）。

    A. 横道图   B. 网络图

    C. 进度计划图   D. 时标进度计划

2. 按表达方式的不同，网络计划分为（　　　）。

    A. 单目标网络计划   B. 单代号网络图

    C. 多目标网络计划   D. 双代号网络图

3. 按网络计划终点节点个数的不同，网络计划分为（　　　）。

    A. 单目标网络计划   B. 单代号网络图

    C. 多目标网络计划   D. 双代号网络图

4. 按计划时间的表达不同，网络计划分为（　　　）。

    A. 时标网络计划   B. 非时标网络计划

    C. 肯定型网络计划   D. 非肯定型网络计划

（三）判断题

1. 横道图的特点是简单、明晰、形象、易懂，使用方便，这也正是它至今还在世界各国广泛流行的原因。（　　　）

2. 网络图计划是用来表达工序计划的一种工具，工程上用来表示工程施工的进度计划。（　　　）

（四）问答题

1. 网络计划方法的基本原理是什么？

2. 如何正确区分流水施工横道图、双代号网络图、单代号网络图、双代号时标网络图。

任务二　绘制双代号网络计划图

任务描述与分析

    用双代号网络计划技术表示工程施工进度计划，是我国建筑工程施工中最常用的方式。本任务的具体要求是理解网络图的逻辑关系，掌握构成网络图的基本要素及双代号网络图的绘制方法。

知识与技能

    双代号网络图由若干表示工作的箭线和两端带编号的节点组成，如图 2.5 所示。箭线代表工作（工序、活动或施工过程），通常将工作名称写在箭线上面，将工作持续时间写在箭线下面，箭尾表示工作开始，箭头表示工作结束。在箭线前后的衔接处，画上用圆圈表示的节点并进行编号,用箭尾节点编号 i 和箭头节点编号 j 作为一项工序的代号,如图2.6所示。由于各工作均用两个代号表示,故称为双代号表示法。用这种网络图表示的计划称为双代号网络计划,是目前国内普遍应用的一种网络计划表达形式。

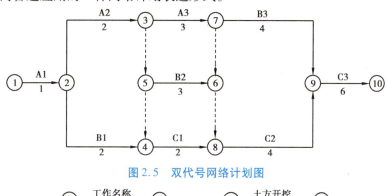

图2.5 双代号网络计划图

图2.6 双代号的表示方法

(一)网络图的逻辑关系

网络图中的逻辑关系是指网络计划中所表示的各项工作之间客观存在或主观上安排的先后顺序关系。这种顺序关系分为两大类:一类是施工工艺关系,即工艺逻辑关系;另一类是施工组织关系,即组织逻辑关系。

工艺关系是指生产工艺上客观存在的先后顺序关系、非生产性工作之间由工艺程序决定的先后顺序关系。例如,建筑工程施工时,先做基础,后做主体;先做结构,后做装修。工艺关系是不能随意改变的。

组织关系是指在不违反工艺关系的前提下,人为安排工作的先后顺序关系。例如,建筑群中,各个建筑物开工顺序的先后、施工对象的分段流水作业等。组织顺序可以根据具体情况,按安全、经济、高效的原则统筹安排。

(二)构成双代号网络图的基本要素

双代号网络图由箭线、节点和线路3个基本要素构成,其各自表示的含义不同。

1.箭线

双代号网络图中,一端带箭头的线段称为箭线。箭线有实箭线和虚箭线两种,两者表示的含义不同。

1)实箭线的含义

(1)一根实箭线表示一项工作(工序)或一个施工过程,工作名称标注在箭线上方。实箭线表示的工作可大可小,如砌墙、浇筑圈梁、吊装楼板等,也可以表示一个单位工程或一个工程项目,如图2.7所示。

(2)一根实箭线表示一项工作所消耗的时间及资源(人力、物力),消耗的时间用数字标注在箭线的下方。一般而言,每项工作的完成都要消耗一定的时间及资源,如挖土、混凝土垫层等;也存在只消耗时间不消耗资源的工作,如混凝土养护、墙体干燥等技术间歇等,也须用实箭线表示。

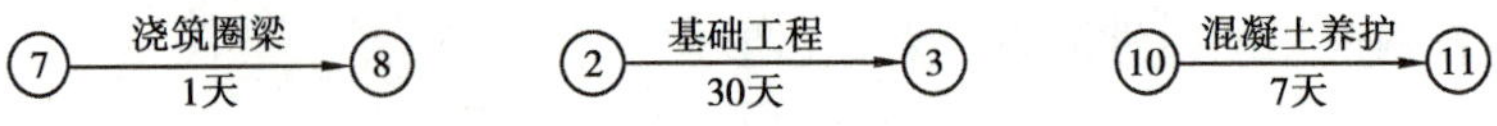

图2.7　双代号工作示意图

(3)实箭线所指方向为工作前进的方向,箭尾表示工作的开始,箭头表示工作的结束。

(4)实箭线的长短一般不表示工作持续时间的长短(时标网络例外)。

(5)箭线可以画成直线、折线和斜线。必要时,箭线也可以画成曲线,但应以水平、垂直直线为主。

2)虚箭线的含义

在双代号网络图中,虚箭线仅表示工作间的逻辑关系。它不是一项正式的工序,而是在绘制网络图时,根据逻辑关系增设的一项"虚拟工序"。它既不占用时间,也不消耗资源,其表示方法如图2.8所示。

图2.8　双代号虚箭线示意图

虚箭线的作用主要是帮助正确表达各工序之间的关系,避免出现逻辑错误。虚箭线有连接、区分和断路的作用。

(1)连接作用。例如,工作 A、B、C、D 之间的逻辑关系为:工作 A 完成后可同时进行 C、D 两项工作,工作 B 完成后进行工作 D。不难看出,A 工作完成后其紧后工作为 C、D;B 工作完成后其紧后工作为 D,但 D 又是 A 的紧后工作,为把 A 和 D 联系起来,必须引入虚箭线②---③,逻辑关系才能正确表达,如图2.9所示。

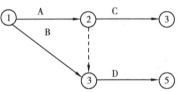

图2.9　连接作用示意图

(2)区分作用。双代号网络计划是用两个代号表示一项工作,不同的工作必须用不同的代号,如图2.10所示。

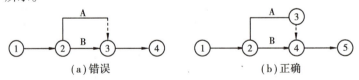

(a)错误　　　　　　　　　　(b)正确

图2.10　区分作用示意图

(3)断路作用。如图2.11所示为某基础工程挖基槽 A、垫层 B、墙基 C、回填土 D 这 4 项工作的流水施工网络计划。该网络计划中,将挖2与基1、垫2与填1等两处无联系的工作联系上,出现了多余联系的错误。

为了正确表达工作间的逻辑关系,在出现逻辑错误的节点之间增设新节点(即虚箭线),切断毫无关系的工作之间的关系,这种方法称为断路法,如图2.12所示。

由此可见,网络计划中虚箭线是非常重要的,正确理解虚箭线的作用将有助于我们识读双代号网络图。

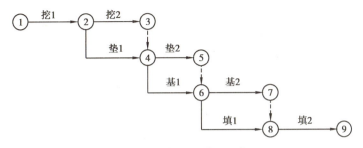

图 2.11　逻辑关系错误示意图

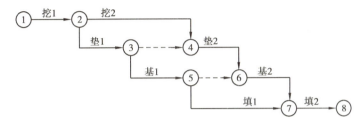

图 2.12　逻辑关系正确示意图

2. 节点

节点就是网络图中两项工作之间的交接点，常用圆圈表示。

1）节点的含义

在双代号网络图中，节点有以下含义：

（1）因为节点表示前一道工作结束和后面一道工作开始的瞬间，所以节点不需要消耗时间和资源。

（2）箭线的箭尾节点表示该工作的开始，箭线的箭头节点表示该工作的结束。

（3）根据节点在网络图中的位置不同，分为起始节点、终点节点和中间节点。起始节点就是网络图的第一个节点，它表示一项计划（或工程）的开始；终点节点就是网络图的最后一个节点，它表示一项计划（或工程）的结束；其余节点都称为中间节点，它既表示紧前各工作的结束，也表示紧后各工作的开始，如图 2.13（a）所示。紧排在本工作之前的工作称为本工作的紧前工作，紧排在本工作之后的工作称为本工作的紧后工作，如图 2.13（b）所示。

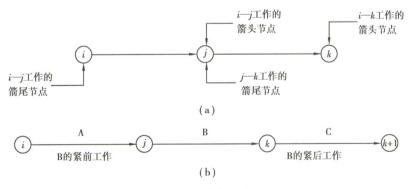

图 2.13　节点示意图

2）节点的编号

网络图中的每个节点都有自己的编号，以便赋予每项工作一个代号，便于计算网络计划的时间参数和检查网络计划是否正确。

（1）节点编号的原则。对节点进行编号时，必须满足两条基本原则：一是箭头节点编号大于箭尾节点编号；二是在一个网络图中，所有节点的编号不能重复，号码可以连续，也可以不连续。

（2）节点编号的方法。节点编号的方法有两种：一种是水平编号法，即从起始节点开始由上到下逐行编号，每行则从左到右按顺序编号，如图2.14所示；另一种是垂直编号法，即从起始节点开始从左到右逐列编号，每列则根据编号原则要求进行编号，如图2.15所示。

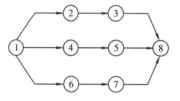 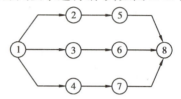

图2.14　水平编号法　　　　图2.15　垂直编号法

3．线路和关键线路

1）线路

网络计划中从起始节点开始，沿箭头方向，通过一系列箭线与节点，最后达到终点节点的通路称为线路。

2）关键线路和关键工作

一个网络图中，从起始节点到终点节点，一般都存在许多条线路，每条线路都包含若干项工作，这些工作的持续时间之和就是该线路的总时间长度，即线路上总的工作持续时间。线路上总的工作持续时间最长的线路称为关键线路，其他线路称为非关键线路。位于关键线路上的工作称为关键工作。在关键线路上没有任何机动时间，线路上的任何工作拖延时间都会导致总工期的后延。

一般来说，一个网络图中至少有一条关键线路，关键线路也不是一成不变的。在一定的条件下，关键线路和非关键线路会相互转化。例如，采取技术组织措施，缩短关键工作的持续时间，或延长非关键工作的持续时间时，关键线路就有可能发生变化。

关键线路在网络图上宜用黑粗箭线、双箭线表示，以突出其在网络计划中的重要位置。

 拓展与提高

（一）紧前工作

紧排在本工作之前的工作称为本工作的紧前工作，本工作和紧前工作之间可能有虚工作。如图2.16所示，挖1是挖2的组织关系上的紧前工作；基1和基2之间虽有虚工作，但基1仍然是基2的组织关系上的紧前工作；挖1则是基1工艺关系上的紧前工作。

（二）紧后工作

紧排在本工作之后的工作称为本工作的紧后工作。本工作和紧后工作之间可能有虚工作。如图 2.16 所示,基 2 是基 1 组织关系上的紧后工作;基 1 是挖 1 工艺关系上的紧后工作。

(三)平行工作

可与本工作同时进行的工作称为本工作的平行工作。如图 2.16 所示,基 1 和挖 2、基 2 和挖 3 等都是平行工作。

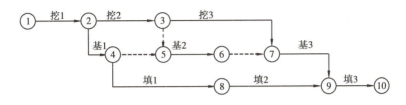

图 2.16 某基础工程施工逻辑关系

(三)双代号网络图的绘制

1.双代号网络图的绘制规则

(1)双代号网络图必须表达已定的逻辑关系。绘制网络图前,要正确确定工作顺序,明确各工作之间的逻辑关系,根据工作间的先后顺序逐步把代表各项工作的箭线连接起来,绘制成网络图。常见的逻辑关系表达方法见表 2.2。

表 2.2 常见的逻辑关系表达方法

序 号	工作之间的逻辑关系	在网络图中的表示	说 明
1	A 的紧后工作是 B B 的紧后工作是 C		A、B、C 顺序作业
2	A 是 B、C 的紧前工作		B、C 为平行工作,同时受 A 工作制约
3	A、B 是 C 的紧前工作		A、B 为平行工作
4	A 的紧后工作是 B、C D 的紧前工作是 B、C		B、C 为平行工作,同时受 A 工作制约,又同时制约 D 工作
5	A、B 是 C、D 的紧前工作		节点③正确表达了 A、B、C、D 的顺序关系

续表

序　号	工作之间的逻辑关系	在网络图中的表示	说　明
6	A、B 都是 D 的紧前工作 C 只是 A 的紧后工作		虚工作③—④断开了 B 与 C 的联系
7	A 的紧后工作是 B、C B 的紧后工作是 D、E C 的紧后工作是 E D、E 的紧后工作是 F		虚工作③—④连接了 B、E，又断开了 C、D 的联系，实现了 B、C 和 D、E 双平行作业
8	A、B、C 都是 D、E、F 的紧前工作		虚工作③—④、②—④使整个网络图满足绘制规则
9	A、B、C 是 D 的紧前工作 B、C 是 E 的紧前工作		虚工作④—⑤正确处理了作为平行工作的 A、B、C，既全部作为 D 的紧前工作，又部分作为 E 的紧前工作的关系
10	A、B 两项工作分段平行施工，A 先开始，B 后结束		A、B 平行搭接施工

（2）在双代号网络图中，严禁出现循环回路，即不允许从一个节点出发，沿箭线方向再返回到原来的节点。图 2.17 中，②—③—④就组成了循环回路，导致出现违背逻辑关系的错误。

（3）在双代号网络图中，节点之间严禁出现带有双向箭头或无箭头的连线。图 2.18 中，②—③连线无箭头，③—④连线有双向箭头，均是错误的。

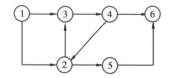

图 2.17　不允许出现循环线路

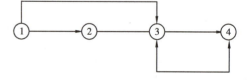

图 2.18　不允许出现双向箭头及无箭头的连线

（4）在双代号网络图中，严禁出现没有箭头节点或没有箭尾节点的箭线，如图 2.19 所示。

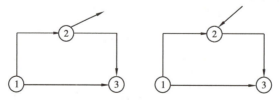

图 2.19　没有箭头节点和没有箭尾节点的箭线

（5）在双代号网络图中，不允许出现相同编号的节点或箭线。图 2.20（a）中，A、B 两个施工过程均有①—②代号表示是错误的,正确的表达应如图2.20(b)、(c)所示。

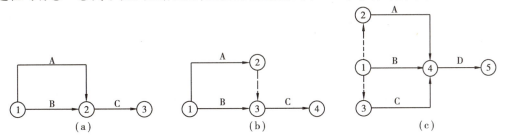

图2.20　不允许出现相同编号的节点或箭线

(6)在双代号网络图中,只允许有一个起点节点和一个终点节点,如图2.21所示。

(7)在双代号网络图中,不允许出现一个代号代表一项工作。图2.22(a)中,施工过程A的表达是错误的,正确的表达应如图2.22(b)所示。

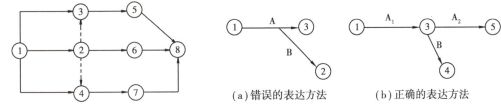

(a)错误的表达方法　　　(b)正确的表达方法

图2.21　只允许有一个起点节点(终点)　　图2.22　不允许出现一个代号代表一项工作

(8)在双代号网络图中,应尽量减少交叉箭线。当无法避免时,应采用过桥法或指向法表示,如图2.23所示。

(9)在双代号网络图中,当网络图的起点节点有多条外向箭线或终点节点有多条内向箭线时,为使图形整洁,可用母线法绘制。如图2.24所示,竖向的母线段宜绘制得粗些。这种方法仅限于无紧前工作或无紧后工作的工作,其他工作是不允许这样绘制的。

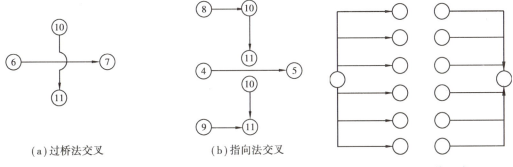

(a)过桥法交叉　　　(b)指向法交叉

图2.23　交叉箭线的处理方法　　　　图2.24　母线画法

2.双代号网络图的绘制方法与步骤

在绘制双代号网络图时,先根据网络计划的逻辑关系,绘制出草图,再按照绘图规则进行调整布局,最后形成正式的网络图,具体绘制方法和步骤如下:

(1)绘制没有紧前工作的工作,使它们具有相同的箭尾节点,即起点节点。

(2)依次绘制其他各项工作。当所绘制的工作只有一个紧前工作时,将该工作的箭线直

接画在其紧前工作的箭头节点上即可;当所绘制的工作有多个紧前工作时,按以下4种情况分别处理:

①如果在其紧前工作中存在一项只作为本工作紧前工作的工作,则将该工作的箭线直接画在该紧前工作的箭头节点上,然后用虚箭线分别将其他紧前工作的箭头节点与本工作的箭尾节点相连。

②如果在其紧前工作中存在多项只作为本工作紧前工作的工作,应先将这些紧前工作的箭头节点合并(用虚箭线连接或直接合并),再从合并后的节点开始画出本工作的箭线。

③如果不存在①、②两种情况,应判断本工作的所有紧前工作是否都同时作为其他工作的紧前工作。如果是这样,应先将这些紧前工作的箭头节点合并,再从合并后的节点开始画出本工作的箭线。

④如果不存在情况①、②、③,则应将本工作箭线单独画在其紧前工作箭线之后的中部,然后用虚工作将紧前工作与本工作连接起来。

(3)合并没有紧后工作的箭线,即为终点节点。

(4)检查逻辑关系没有错误,也无多余箭线后,进行节点编号。

【例2.2】 已知某施工过程工作间的逻辑关系见表2.3,试绘制其双代号网络图。

表2.3　施工过程工作间的逻辑关系

工作名称	A	B	C	D	E	F	G	H
紧前工作	—	—	—	A	A,B	C	D,E	E,F
紧后工作	D,E	E	F	G	G,H	H	—	—

【解】 (1)绘制没有紧前工作的工作A、B、C,如图2.25(a)所示。

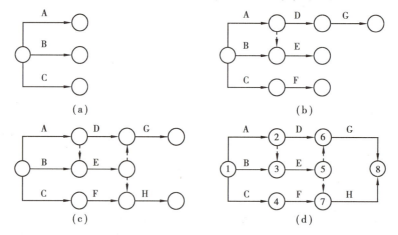

图2.25　某施工过程工作间的双代号网络图

(2)绘制工作F,工作F只有一个紧前工作C。将工作F的箭线直接画在工作C的箭头节点上即可,如图2.25(b)所示。

(3)绘制工作D,工作D只有一个紧前工作A,将工作D的箭线直接画在其紧前工作A的箭头节点上即可,如图2.25(b)所示。

(4)按情况①绘制工作E。因工作B只作为工作E的紧前工作,将工作E的箭线直接画在工作 B 的箭头节点上，然后用虚箭线将其他紧前工作 A 的箭头节点与工作 E 的箭尾节点相连，如图 2.25(b)所示。

（5）按情况①绘制工作 G。因工作 D 只作为工作 G 的紧前工作，将工作 G 的箭线直接画在工作 D 的箭头节点上，然后用虚箭线将其他紧前工作 E 的箭头节点与工作 G 的箭尾节点相连，如图 2.25(c)所示。

（6）按情况①绘制工作 H，因工作 F 只作为工作 H 的紧前工作，将工作 H 的箭线直接画在工作 F 的箭头节点上，然后用虚箭线将其他紧前工作 E 的箭头节点与工作 H 的箭尾节点相连，如图 2.25(c)所示。

（7）将没有紧后工作的箭线合并，得到终点节点，并对图形进行调整，使其美观对称。检查无误后，进行编号及得正式网络图，如图 2.25(d)所示。

拓展与提高

单代号网络计划

单代号网络图的绘制规则、基本构成要素、时间参数的计算顺序和方法以及关键线路的确定，与双代号网络图基本相同。单代号网络图与双代号网络图相比，具有以下特点：

（1）工作之间的逻辑关系容易表达，且不用虚箭线，故绘图较简单；

（2）网络图便于检查和修改；

（3）由于工作的持续时间表示在节点之中，没有长度，故不够形象直观；

（4）表示工作之间逻辑关系的箭线可能产生较多的纵横交叉现象。

（一）单代号网络图的表示方法

单代号网络图又称为节点网络图，是用一个节点表示一个工序(或工作、施工过程)，工作名称、代号、工作时间都标注在节点内，用实箭线表示工序之间的逻辑关系网络图，其节点表示方法如图 2.26 所示。用单代号网络图表示的计划称为单代号网络计划。

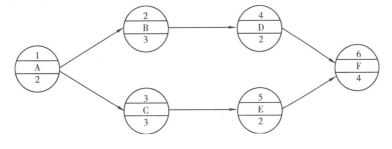

图 2.26　单代号网络图

（二）构成单代号网络图的基本要素

单代号网络图由箭线、节点和线路 3 个基本要素构成，其各自表示的含义不同。

1.箭线

单代号网络图中，箭线表示相邻工序之间的逻辑关系，既不占用时间，也不消耗资源。箭头所指方向为施工过程的进行方向。箭线可以画成水平直线、折线或斜线，箭线水平投影的方向应自左向右。

2. 节点

单代号网络图中,节点表示一个工序(或工作、施工过程),节点宜用圆圈或矩形表示。节点所表示的工作名称、持续时间和工作代号等应标注在节点内,如图 2.27 所示。

图 2.27　单代号网络图中节点的表示方法

3. 线路

从起点节点到终点节点,沿着箭线方向顺序通过一系列箭线与节点的通路,称为线路。单代号网络图中也有关键工序和关键线路。

(三)单代号网络图的绘制

1. 单代号网络图的绘制规则

单代号网络图的绘制规则与双代号网络图的绘制规则基本相同。两者的区别仅在于绘图的符号不同。因此,双代号网络图的绘图规则,在单代号网络图中原则上都应遵守。

2. 单代号网络图的绘制方法与步骤

单代号网络图工作之间的逻辑关系较双代号网络图更容易表达和绘制。采用单代号网络图绘制进度计划时,可按下列方法进行:

(1)单代号网络图应只有一个起点节点和一个终点节点;当图中有多项开始工作时或多项结束工作时,应在网络图的两端分别设置一项虚工作,作为该网络图的起点节点(St)和终点节点(Fin),如图 2.28 所示。

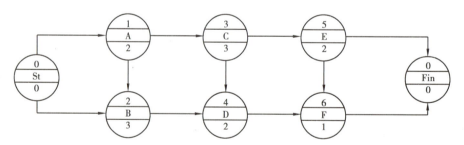

图 2.28　单代号网络图

(2)有几个工作就画几个节点,并尽量将先开始工作的节点画在前边。

(3)用实箭线将有逻辑关系的工作节点联系起来即可。连接节点时,注意箭头指向制约的工作,箭尾连接有逻辑制约的工作。

(4)检查逻辑关系,按单代号网络图的绘制规则调整检查,无误后进行节点编号。

【例 2.3】 B、C 两工作同时开始且无紧前工作,B 完成后 D 就可以开始。B、C 均完成后工作 E 才能开始。D、E 后无紧后工作。试绘制单代号网络图。

【解】（1）确定应画6个工作节点，即4个工作节点，1个结束工作节点，1个开始工作节点；

（2）用实箭线将有逻辑关系的工作节点联系起来；

（3）检查逻辑关系，按单代号网络图的绘制规则调整检查，无误后进行节点编号。

绘制结果如图2.29所示。

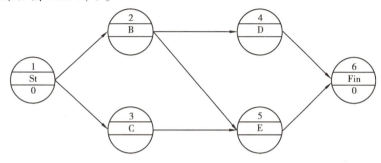

图2.29 单代号网络图

 思考与练习

（一）单项选择题

1. 双代号网络图的三要素是指（ ）。
    A. 节点、箭线、工作作业时间   B. 紧前工作、紧后工作、关键线路
    C. 箭线、节点、线路   D. 工期、关键线路、非关键线路

2. 双代号网络图中的虚工作（ ）。
    A. 既消耗时间，又消耗资源   B. 只消耗时间，不消耗资源
    C. 既不消耗时间，又不消耗资源   D. 不消耗时间，只消耗资源

（二）多项选择题

1. 网络图的逻辑关系有（ ）。
    A. 横道图   B. 施工工艺关系
    C. 进度计划图   D. 组织逻辑关系

2. 双代号网络图中虚箭线的作用有（ ）。
    A. 连接作用   B. 区分作用
    C. 断路作用   D. 持续工作作用

（三）判断题

1. 在双代号网络图中，节点之间严禁出现带双向箭头或无箭头的连线。   （ ）

2. 在双代号网络图中，一个代号代表一个施工过程。   （ ）

（四）简答题

1. 组成双代号网络图的三要素是什么？试述各要素的含义和特征。
2. 什么叫虚箭线？它在双代号网络图中起什么作用？
3. 什么叫逻辑关系？网络计划有哪两种逻辑关系？有何区别？
4. 绘制双代号网络图必须遵守哪些绘图原则？

（五）绘图题

根据下列各题的逻辑关系，绘制双代号网络图。

（1）

工　作	A	B	C	D	E	F
紧前工作	—	A	A	B	B,C	D,E

（2）

工　作	A	B	C	D	E	F
紧前工作	—	A	A	A	B,C,D	D

（3）

工　作	A	B	C	D	E	F	G	H	I
紧前工作	—	A	A	B	B,C	C	D,E	E,F	H,G
紧后工作	B,C	D,E	E,F	G	G,H	H	I	I	—

任务三　掌握双代号网络计划时间参数的计算方法

任务描述与分析

　　网络计划时间参数的计算，是确定关键工作、关键线路和计算工期的基础，也是确定非关键工作的机动时间，进行网络计划优化，实现对工程进度计划进行科学管理的依据。本任务的具体要求是掌握网络计划的时间参数表示符号，理解网络计划时间参数的计算方法。

知识与技能

　　双代号网络计划时间参数的计算有工作计算法和节点计算法两种。本任务以工作计算法为主要计算途径来计算网络计划时间参数。工作计算法计算的时间参数包括各项工作的最早开始和最迟开始时间、最早完成和最迟完成时间、工期、总时差和自由时差。

（一）双代号网络计划的时间参数及其符号

所谓时间参数,是指网络计划、工作及节点所具有的各种时间值。

1. 工作持续时间

工作持续时间也称为作业时间,是指一项工作从开始到完成的时间。在双代号网络计划中,工作 $i—j$ 的持续时间用 $D_{i—j}$ 表示。

2. 工期

工期泛指完成一项任务所需的时间。在网络计划中,工期一般有以下 3 种:

1）计算工期

根据网络计划时间参数计算而得到的工期,用 T_c 表示。

2）要求工期

任务委托人所提出的合同工期或指令性工期,用 T_r 表示。

3）计划工期

根据要求工期和计算工期所确定的实施目标的工期,用 T_p 表示。

（1）当已规定要求工期时,计划工期不应超过要求工期,即

$$T_p < T_r \qquad (2.1)$$

（2）当未规定要求工期时,可令计划工期等于计算工期,即

$$T_p = T_c \qquad (2.2)$$

3. 工作的最早开始时间和最早完成时间

工作的最早开始时间是指在其所有紧前工作全部完成后,本工作有可能开始的最早时刻。

工作的最早完成时间是指在其所有紧前工作全部完成后,本工作有可能完成的最早时刻。

在双代号网络计划中,工作 $i—j$ 的最早开始时间和最早完成时间分别用 $ES_{i—j}$ 和 $EF_{i—j}$ 表示。

4. 工作的最迟完成时间和最迟开始时间

工作的最迟完成时间是指在不影响工期的前提下,本工作必须完成的最迟时刻。

工作的最迟开始时间是指在不影响工期的前提下,本工作必须开始的最迟时刻。

在双代号网络计划中,工作 $i—j$ 的最迟完成时间和最迟开始时间分别用 $LS_{i—j}$ 和 $LF_{i—j}$ 表示。

5. 总时差和自由时差

工作的总时差是指在不影响总工期的前提下,本工作可以利用的机动时间。

工作的自由时差是指在不影响其紧后工作最早开始时间的前提下,本工作可以利用的机动时间。

在双代号网络计划中,工作 $i—j$ 的总时差和自由时差分别用 $TF_{i—j}$ 和 $FF_{i—j}$ 表示。

从总时差和自由时差的定义可知,对于同一项工作而言,自由时差不会超过总时差。工作的总时差为零时,其自由时差必然为零。

在网络计划的执行过程中,工作的自由时差是该工作可以自由使用的时间。但是,如果利用某项工作的总时差,则有可能使该工作后续工作的总时差减小。

6.关键线路的确定

在网络计划中,总时差最小的工作为关键工作。找出关键工作之后,将这些关键工作首尾相连,便构成从起点节点到终点节点的通路,位于该通路上各项工作的持续时间总和最大,这条通路便是关键线路。关键线路是施工进度控制的重点,一般可以画双线或涂为红色。

必须注意的是,关键线路上任一工作的工期拖延一天,总工期就拖延一天;关键线路上任一工作的工期提前一天,总工期就提前一天。关键线路如此重要,所以也将网络计划称为"关键线路法"。

(二) 网络计划时间参数的计算

网络计划时间参数的计算,通常有图上计算法、表上计算法、电算法等,本任务主要介绍图上计算法。

图上计算法是根据工作时间参数的计算公式,在图上直接计算的一种较直观、简便的方法,其标注方法如图 2.30 所示。

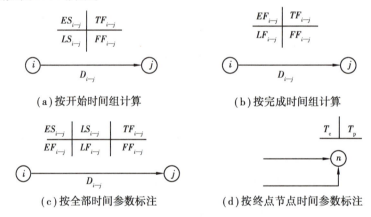

图 2.30　时间参数的图上标注方法

下面以图 2.31 所示的双代号网络图为例,说明其计算步骤。

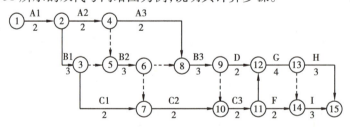

图 2.31　双代号网络图

1.计算工作的最早开始时间 ES_{i-j} 和工作的最早完成时间 EF_{i-j}

工作的最早开始时间的计算应从以网络计划起始节点为开始节点的工作开始,顺着箭线方向依次进行。其计算步骤如下:

1)计算最早开始时间

以网络计划起始节点为开始节点的工作,当未规定其最早开始时间时,最早开始时间为零。如本例中,$ES_{1-2}=0$。

其他工作的最早开始时间等于其紧前工作的最早完成时间的最大值,即

(1)当工作 $i—j$ 只有一个紧前工作 $h—i$ 时,其最早开始时间 ES_{i-j} 为:

$$ES_{i-j} = ES_{h-i} + D_{h-i} \tag{2.3}$$

(2)当工作 $i—j$ 有多个紧前工作时,其最早开始时间取紧前工作的最早开始时间加紧前工作的工作持续时间之和的最大值,计算式为:

$$ES_{i-j} = \max\{ES_{h-i} + D_{h-i}\} \tag{2.4}$$

则

$$ES_{2-3} = ES_{1-2} + D_{1-2} = 0 + 2 = 2$$
$$ES_{2-4} = ES_{1-2} + D_{1-2} = 0 + 2 = 2$$
$$ES_{3-5} = ES_{2-3} + D_{2-3} = 2 - 3 = 5$$
$$ES_{4-5} = ES_{2-4} + D_{2-4} = 2 + 2 = 4$$

$$ES_{5-6} = \max\begin{Bmatrix}ES_{3-5} + D_{3-5} \\ ES_{4-5} + D_{4-5}\end{Bmatrix} = \max\begin{Bmatrix}5 + 0 = 5 \\ 4 + 0 = 4\end{Bmatrix} = 5$$

同理,将其他工作的计算结果标注在箭线上方各工作图例对应的位置上,如图 2.32 所示。

2)计算工作的最早完成时间

工作的最早完成时间是本工作的最早开始时间 ES_{i-j} 与本工作的持续时间 D_{i-j} 之和,即

$$EF_{i-j} = ES_{i-j} + D_{i-j} \tag{2.5}$$

则

$$EF_{1-2} = ES_{1-2} + D_{1-2} = 0 + 2 = 2$$
$$EF_{2-4} = ES_{2-4} + D_{2-4} = 2 + 2 = 4$$
$$EF_{5-6} = ES_{5-6} + D_{5-6} = 5 + 3 = 8$$

2.确定计算工期 T_c 及计划工期 T_p

本例中取计划工期等于计算工期,即网络计划的计算工期 T_c 取以终点节点⑮为箭头节点的工作⑬—⑮和工作⑭—⑮的最早完成时间的最大值,即

$$T_c = \max\{EF_{i-n}\} \tag{2.6}$$

则

$$T_p = T_c = \max\{EF_{13-15}, EF_{14-15}\} = \max\{22, 22\} = 22$$

3.计算各项工作的最迟完成时间和最迟开始时间

从终点节点(⑮节点)开始逆着箭线方向依次逐项计算到起点节点(①节点)。

(1)以网络计划终点节点($j=n$)为箭头节点的工作的最迟完成时间等于计划工期,即

$$LF_{i-j} = T_p \tag{2.7}$$

则

$$LF_{13-15} = T_p = 22$$
$$LF_{14-15} = T_p = 22$$

(2)其他工作的最迟完成时间为:

$$LF_{i-j} = \min\{LF_{j-k} - D_{j-k}\} \tag{2.8}$$

则
$$LF_{13-14} = \min\{LF_{14-15} - D_{14-15}\} = 22 - 3 = 19$$

$$LF_{12-13} = \min\{LF_{13-15} - D_{13-15}, LF_{13-14} - D_{13-14}\}$$

$$= \min\{22 - 3, 19 - 0\} = 19$$

$$LF_{11-12} = \min\{LF_{12-13} - D_{12-13}\} = 19 - 4 = 15$$

（3）工作的最迟开始时间为：

$$LS_{i-j} = LF_{i-j} - D_{i-j} \tag{2.9}$$

则
$$LS_{14-15} = LF_{14-15} - D_{14-15} = 22 - 3 = 19$$

$$LS_{13-15} = LF_{13-15} - D_{13-15} = 22 - 3 = 19$$

$$LS_{12-13} = LF_{12-13} - D_{12-13} = 19 - 4 = 15$$

4.计算各项工作的总时差

工作的总时差等于本工作的最迟开始时间减法本工作的最早开始时间（或等于最迟完成时间减去最早完成时间），即

$$TF_{i-j} = LS_{i-j} - ES_{i-j} \text{ 或 } TF_{i-j} = LF_{i-j} - EF_{i-j} \tag{2.10}$$

则
$$TF_{1-2} = LS_{1-2} - ES_{1-2} = 0 - 0 = 0$$

$$TF_{2-3} = LS_{2-3} - ES_{2-3} = 2 - 2 = 0$$

$$TF_{5-6} = LS_{5-6} - ES_{5-6} = 5 - 5 = 0$$

5.计算各项工作的自由时差

（1）当工作 $i-j$ 只有一个紧后工作 $j-k$ 时,其自由时差 FF_{i-j} 为：

$$FF_{i-j} = ES_{j-k} - ES_{i-j} - D_{i-j} \text{ 或 } FF_{i-j} = ES_{j-k} - EF_{i-j} \tag{2.11}$$

（2）当工作 $i-j$ 有多个紧后工作时,其自由时差 FF_{i-j} 为：

$$FF_{i-j} = \min\{ES_{j-k}\} - ES_{i-j} - D_{i-j} \text{ 或 } FF_{i-j} = \min\{ES_{j-k}\} - EF_{i-j} \tag{2.12}$$

则
$$FF_{1-2} = ES_{2-3} - EF_{1-2} = 2 - 2 = 0$$

$$FF_{2-3} = ES_{3-5} - EF_{2-3} = 5 - 5 = 0$$

$$FF_{5-6} = ES_{6-8} - EF_{5-6} = 8 - 8 = 0$$

（3）网络计划中的结束工作 $i-j$ 的自由时差为：

$$FF_{i-j} = T_p - EF_{i-j} \tag{2.13}$$

$$EF_{13-15} = T_p - EF_{13-15} = 22 - 22 = 0$$

$$EF_{14-15} = T_p - EF_{14-15} = 22 - 22 = 0$$

将以上计算结果标注在图 2.32 中的相应位置。

6.确定关键工作及关键线路

（1）从网络图的起始节点至最终节点之间所经过的各条线路中,总持续时间最长的一条线路即为关键线路。关键线路上的工作是关键工作。

（2）总时差值最小的工作为关键工作,关键工作从起始节点到最终节点的连线是关键线路。

（3）当网络的计划工期等于计算工期时,总时差等于零的工作是关键工作,关键工作组成的线路为关键线路。

（4）一个网络图中,至少有一条关键线路,用粗箭线进行标注。

以上方法可得,在图 2.32 中,关键工作是 A1、B1、B2、C2、C3、E、G、H、I。

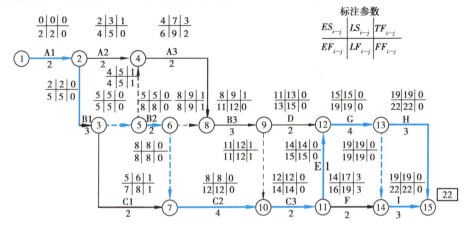

图 2.32　双代号网络图时间参数的计算

拓展与提高

双代号时标网络计划

（一）时标网络计划的概念

时标网络计划是以时间坐标为尺度编制的网络计划。时标的时间单位应根据需要在编制网络计划之前确定,可为时、天、周、月或季等。

时标网络计划具有以下特点:

（1）时标网络计划中,工作箭线的长度与工作持续时间长度一致;

（2）时标网络计划可以直接显示各施工过程的时间参数;

（3）时标网络计划在绘制中受坐标的限制,容易出现"网络回路"之类的逻辑错误;

（4）可以直接在时标网络图上统计劳动力、材料、机具等资源需要量,便于绘制资源消耗动态曲线,也便于计划的控制和分析。

（二）时标网络计划的绘制方法

绘制时标网络计划时,可按工作最早时间绘制(称为早时标网络计划),也可按工作最迟时间绘制(称为迟时标网络计划)。时标网络计划一般宜按最早时间绘制。绘制时,应使节点和虚工作尽量向左靠,直到不出现逆向虚箭线为止。某施工网络计划及每天资源需用量如图 2.33（a）所示,该计划按最早时间绘制的时标网络计划如图 2.33（b）所示,按最迟时间绘制的时标网络计划如图 2.33（c）所示。时标网络计划的绘制方法有间接绘制法和直接绘制法两种。

1. 间接绘制法

间接绘制法是先计算网络计划的时间参数,再根据时间参数在时间坐标上进行绘制的方法。其按最早时间绘制的步骤和方法如下:

（1）绘制无时标网络计划草图,计算时间参数,确定关键工作及关键线路。

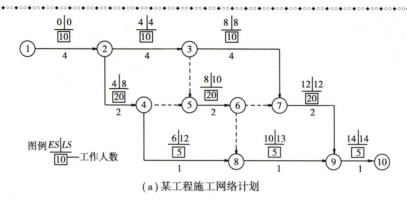

（a）某工程施工网络计划

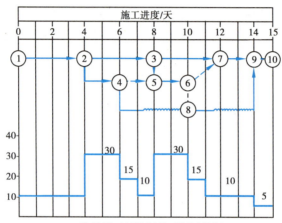

（b）按最早时间绘制的时标网络图

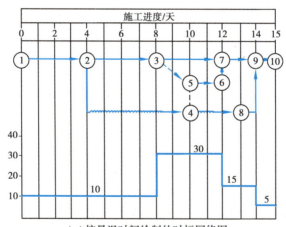

（c）按最迟时间绘制的时标网络图

图2.33 双代号时标网络图

（2）根据需要确定时间单位并绘制时标横轴。时标可标注在日历网络图的顶部或底部，时标的长度单位必须注明。

（3）根据网络图中各工作的最早开始时间（或各节点的最早时间），从起点节点开始将各节点（或各工作的开始节点）逐个定位在时间坐标的纵轴上。

(4)依次在各节点后面绘出各箭线的长度。箭线最好画成水平箭线或由水平线段和竖直线段组成的折线箭线,以直接表示其持续时间。如果箭线画成斜线,则以其水平投影长度为其持续时间。如果箭线长度不够与该工作的结束节点直接相连,则用波形线从箭线端部画至结束节点处。波形线的水平投影长度,即为该工作的自由时差。

(5)用虚箭线连接各有关节点,将各有关的施工过程连接起来。在日历网络计划中,有时会出现虚箭线的投影长度不等于零的情况,其水平投影长度为该虚工作的自由时差。

2. 直接绘制法

直接绘制法是不计算网络计划的时间参数,直接按草图在时间坐标上进行绘制的方法。其绘制步骤和方法如下:

(1)将起点节点定位在时标表的起始刻度线上。

(2)按工作持续时间在时标计划表上绘制起点节点的外向箭线。

(3)其他工作的开始节点必须在其所有紧前工作都绘出以后,定位在这些紧前工作最早完成时间最大值的时间刻度上。某些工作的箭线长度不足以到达该节点时,用波形线补足,箭头画在波形线与节点连接处。

(4)用上述方法从左至右依次确定其他节点位置,直至网络计划终点节点定位,绘图完成。

(三)双代号时标网络计划关键线路及时间参数的确定

1. 关键线路的判定

时标网络计划的关键线路可自终点节点逆箭线方向朝起点节点逐次进行判定,自终点节点至起点节点都不出现波形线的线路即为关键线路。

2. 工期的确定

时标网络计划的计算工期,应是其终点节点与起始节点所在位置的时标值之差。

3. 工作最早时间参数的判定

按最早时间绘制的时标网络计划,每条箭线的箭尾和箭头所对应的时标值,即为该工作的最早开始时间和最早完成时间。

4. 时差的判定与计算

(1)自由时差:时标网络图中,波形线的水平投影长度即为该工作的自由时差。

(2)工作总时差:工作总时差不能从图上直接判定,需要分析计算。计算应逆着箭头的方向自右向左进行。

思考与练习

(一)单项选择题

1.在网络计划中,若某项工作的(　　　)最小,则该工作必为关键工作。

    A.自由时差　　　　　B.持续时间　　　　　C.时间间隔　　　　　D.总时差

2.某项工作有两项紧后工作 C、D,最迟完成时间 C 为 30 天、D 为 20 天,工作持续时间 C 为 5 天、D 为 15 天,则本工作的最迟完成时间是( )天。

A. 3   B. 5   C. 10   D. 15

(二)计算题

1.试计算任务二中思考与练习第 5 题双代号网络图中的各工作时间参数。

2.根据下列数据,绘制双代号网络图,并采用工作计算法计算各工作的时间参数。

工 作	A	B	C	D	E	F	G	H	I
紧前工作	—	A	A	B	B,C	C	D,E	E,F	H,G
工作时间	3	3	3	8	5	4	4	2	2

任务四　编制施工进度计划

任务描述与分析

　　施工进度计划是用图表的形式表明一个工程项目从施工准备到开始施工,再到最终全部完成,其各施工过程在时间上和空间上的安排及它们之间相互搭接、相互配合的关系,而网络计划图是施工进度计划的重要组成部分。本任务的具体要求是掌握施工网络计划的绘制方法,并在教师的指导下能读懂单位工程施工进度计划。

知识与技能

(一)施工进度计划的编制步骤

　　施工进度计划的编制步骤一般是:

　　(1)制订施工方案,确定施工顺序;

　　(2)确定工作名称及其内容,计算各项工作的工程量、劳动量和机械台班需要量,确定各项工作的持续时间;

　　(3)绘制网络计划图,并进行各项网络计划时间参数的计算和网络计划的优化。

(二)施工网络计划的绘制

1. 施工网络计划绘制的基本要求

　　(1)布局行列有序,层次分明,尽量把关键工作、关键线路布置在中心位置;

(2)正确应用虚箭线表达各种逻辑关系,特别是"断路"箭线的应用;

(3)力求减少不必要的箭线和节点。

2.施工网络计划的排列方法

(1)按施工过程排列:根据施工顺序把各施工过程按垂直方向排列,而将施工段按水平方向排列,如图 2.34 所示。其特点是相同工种在一条水平线上,突出了各工种的工作情况。

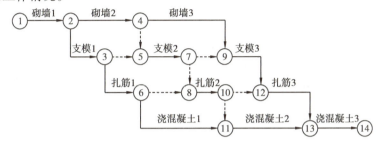

图 2.34　按施工过程排列的网络计划

(2)按施工段排列:将同一施工段上的各施工过程按水平方向排列,而将施工段按垂直方向排列,如图 2.35 所示。其特点是同一施工段上的各施工过程(工种)在一条水平线上,突出了各工作面的利用情况。

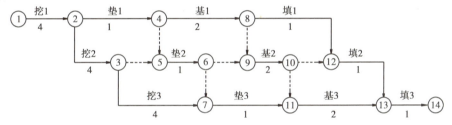

图 2.35　按施工段排列的网络计划

(3)按楼层排列:将同一楼层上的各施工过程按水平方向排列,而将楼层按垂直方向排列,如图 2.36 所示。其特点是同一楼层上的各施工过程(工种)在一条水平线上,突出了各工作面(楼层)的利用情况,使得较复杂的施工过程变得清晰明了。

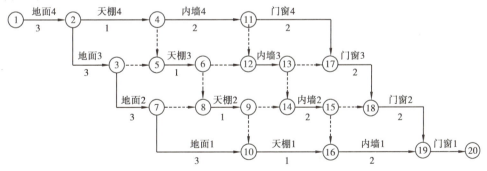

图 2.36　按楼层排列的装修网络计划

(4)混合排列:绘制一些简单的网络计划,可根据施工顺序和逻辑关系将各施工过程对称排列,如图 2.34、图 2.35 所示。其特点是图形美观、简洁。另外,在绘制单位工程网络计划等一些较复杂的网络计划时,常常采用一种以排列为主的混合排列,如图 2.37 所示。

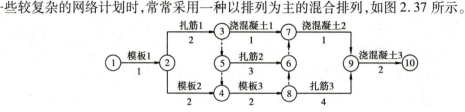

图 2.37　混合排列的网络计划

3. 网络图的合并

为了简化网络图,可以将某些相对独立的网络图合并成只有少量箭线的简单网络图。网络图合并(或简化)时,必须遵循下述原则:

(1)用一条箭线代替原网络图中某一部分网络图时,该箭线的长度(工作持续时间)应为"被简化部分网络图"中最长的线路长度,合并后网络图的总工期应等于原来未合并时网络图的总工期,如图 2.38 所示。

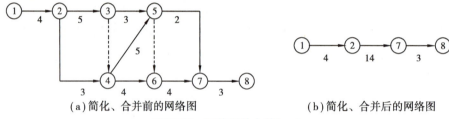

(a)简化、合并前的网络图　　　　　　　　(b)简化、合并后的网络图

图 2.38　网络图的合并(一)

(2)网络图合并时,不得将起点节点、终点节点和与外界有联系的节点简化,如图 2.39 所示。

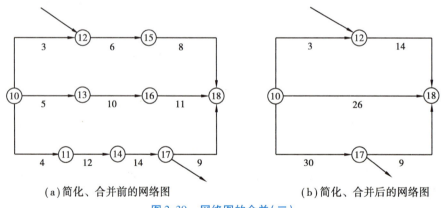

(a)简化、合并前的网络图　　　　　　　　(b)简化、合并后的网络图

图 2.39　网络图的合并(二)

4. 网络图的连接

采用分别流水法编制一个单位工程网络计划时,一般应先按不同的分部工程分别编制出局部网络计划,再按各分部工程之间的逻辑关系,将各分部工程的局部网络计划连接起来成为一个单位工程网络计划,如图 2.40 所示。基础按施工过程排列,其余按施工段排列。

为了便于把分别编制的局部网络图连接起来,各局部网络图的节点编号数目要留足,确保整个网络图中没有重复的节点编号;也可采用先连接,再统一进行节点编号的方法。

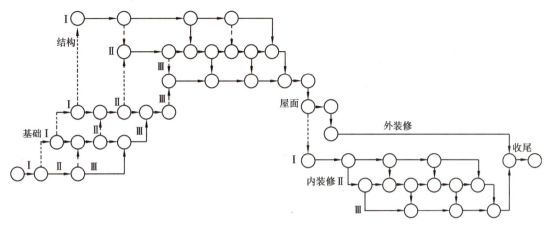

图 2.40 网络图的连接

5. 网络图的详略组合

在一个施工进度计划的网络图中,应以"局部详细,整体粗略"的方式突出重点或采用某一阶段详细,其他相同阶段粗略的方法来简化网络计划。这种详略组合的方法在绘制标准层施工的网络计划时最为常用。

例如,某 4 单元 6 层砖混结构住宅的主体工程,每层分两个施工段组织流水施工。因为 2 至 5 层为标准层,所以 2 层应编制详图,3 ~ 5 层均可采用一个箭线的略图,如图 2.41 所示。

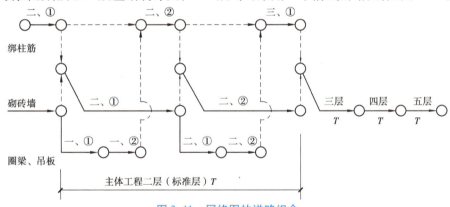

图 2.41 网络图的详略组合

(三)单位工程网络计划

编制单位工程网络计划时,首先,要熟悉图纸,对工程对象进行分析,摸清建设要求和现场施工条件,选择施工方案,确定合理的施工顺序和主要施工方法,再根据各施工过程之间的逻辑关系,绘制网络图;其次,分析各施工过程在网络图中的地位,通过计算时间参数,确定关键施工过程、关键线路和各施工过程的机动时间;最后,统筹考虑,调整计划,制订出最优的计划方案。

【例 2.4】 某住宅工程为 6 层 2 单元混合结构建筑,平面形状为矩形,建筑面积为 1 600.8 m²。毛石条形基础。主体结构为砖墙,各层设置钢筋混凝土圈梁,楼板为现浇钢筋混凝土楼板。室内地面采用水泥砂浆面层;外墙采用混合砂浆粉刷后涂外墙涂料;内墙、天棚均为石灰水泥混合砂浆粉刷后刮双飞粉。

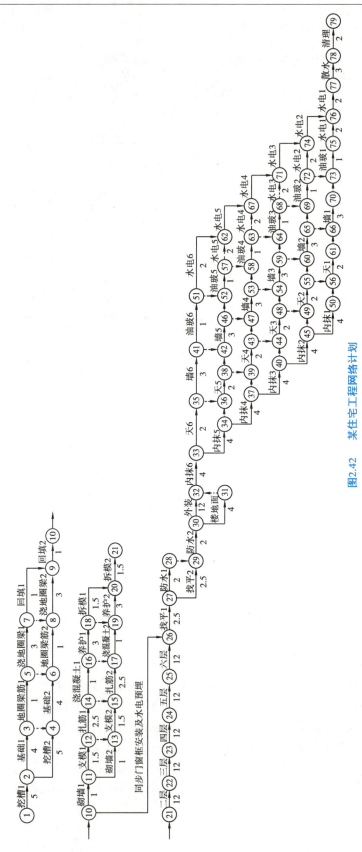

图2.42 某住宅工程网络计划

本工程的施工安排：基础划分两个施工段施工，主体结构每层划分两个施工段，外装修自上而下一次完成，内装修按楼层划分施工段自上而下进行，脚手架、井架、安全网不单独列出。该工程工程量一览表见表2.4。网络计划编制时，将主体工程的所有钢筋绑扎合并为一道工作，将所有混凝土浇筑合并为一道工作，并将支模、拆模分离出来，其网络计划如图2.42所示。

表2.4 工程量一览表

序 号	分部分项名称	工程量		时间定额	持续时间	每天工作班数	每班人数
		单位	数量				
一	基础工程						
1	人工挖基槽	m³	658.95	0.375	10	1	25
2	砌基础	m³	657.23	1.135	8	2	46
3	地圈梁钢筋绑扎	t	1.995	3.70	2	1	4
4	浇筑地圈梁	m³	16.6	2.548	6	1	7
5	回填土	m³	62.83	0.225	2	1	7
二	主体工程						
6	脚手架、井架、安全网	m³	4 375.1	0.07	133	1	3
7	柱筋绑扎	t	5.54	8.45	12	1	4
8	砖墙砌筑	m³/t	355.35 15.4	1.56 15.4	12	1	66
9	浇筑柱混凝土	m³	39.68	2.59	12	1	9
10	梁板钢筋绑扎	t	4.783	9.32	12	1	4
11	梁板混凝土浇筑	m³	188.75	1.93	12	1	30
12	阳台板浇筑	m³	27.21	1.583	12	1	4
13	现浇楼梯	t/m³	0.796 45.04	13.29 0.461	6	1	5
14	栏板钢筋绑扎	t	0.239	18.9	3	1	2
15	栏板浇筑	m³	71.83	0.065	1	2	3
三	屋面工程						
16	屋面找平层	m²	239.21	0.112	5	1	6
17	屋面防水层	m²	239.21	0.096	4	1	6
四	装饰工程						
18	楼地面	m²	1 131.04	0.022	4	1	6
19	砂浆抹灰	m²	4 816.46	0.14	24	1	28
20	外墙装饰	m²	596.11	0.16	12	1	8
21	内墙双飞粉	m²	3 035.28	0.112	17	1	20
22	天棚双飞粉	m²	1 185.07	0.118	10	1	14

续表

序 号	分部分项名称	工程量		时间定额	持续时间	每天工作班数	每班人数
		单位	数量				
23	门窗制作、安装	m²	516.29	0.58	20	1	15
24	玻璃油漆	m²	296.62	0.195	6	1	10
25	墙裙油漆	m²	1 532.71	0.112	10	1	17
26	散水、台阶、排水沟	m²	117.60	0.29	3	1	11
27	水　电	—	—	—	2/层	—	—
五	其　他						
28	清　理	—	—	—	2	—	—

拓展与提高

网络计划的优化简介

网络计划的绘制和时间参数的计算，只是完成网络计划的第一步，得到的只是计划的初始方案，是一种可行方案，但不一定是最优方案。由初始方案形成最优方案，就必须进行网络计划的优化。

网络计划的优化，就是在满足既定约束条件下，按某一目标，通过不断改进网络计划寻求满意方案。

网络计划优化的目标应按计划任务的需要和条件选定，如工期目标、费用目标和资源目标等。因此，网络计划优化的内容有工期优化、费用优化和资源优化。

（一）工期优化

当网络计划的计算工期大于要求工期时，就需要通过压缩关键工作的持续时间来满足工期的要求。工期优化是指压缩计算工期，以达到计划工期的目标，或在一定约束条件下使工期最短的过程。

在工期优化过程中，要注意以下两点：

（1）不能将关键工作压缩成非关键工作。在压缩过程中，会出现关键线路的变化（转移或增加条数），必须保证每一步的压缩都是有效的压缩。

（2）在优化过程中，如果出现多条关键路线时，必须考虑压缩公用的关键工作，或将各条关键线路上的关键工作都压缩同样的数值，否则，不能有效地将工期压缩。

（二）费用优化

工程网络计划一经确定（工期确定），其所包含的总费用也就确定下来。网络计划所涉及的总费用由直接费和间接费两部分组成。直接费由人工费、材料费和机械费组成，它随工期的缩短而增加；间接费属于管理费范畴，它随工期的缩短而减小。由于直接费随工期缩短而增加，间接费随工期缩短而减小，两者进行叠加，必有一个总费用最少的工期，这就是费用优化所要寻求的目标。

(三)资源优化

资源是指为完成任务所需的人力、材料、机械设备及资金等的通称。在一定的条件下,改变投入的资源,就会影响工程的进度。对资源的需求比较均衡时,资源的利用效率相应提高,也降低成本。

网络计划的资源优化分为"资源有限,工期最短"的优化和"工期固定,资源均衡"的优化两种。

思考与练习

(一)多项选择题

1.施工网络计划的排列方法有( )。

　A.按施工过程排列　　　B.按施工段排列　　　C.按楼层排列　　　D.混合排列

2.在一个施工进度计划的网络图中,应以( )方式突出重点。

　A.局部详细　　　　　B.局部粗略　　　　　C.整体详细　　　　D.整体粗略

(二)问答题

1.简述施工进度计划的编制步骤。

2.简述识读单位工程网络计划的要点。

考核与鉴定二

(一)单项选择题

1.在编制双代号网络图时,必须保证工作的箭尾节点编号( )箭头节点编号。

　A.大于　　　　　　B.小于　　　　　　C.等于　　　　　　D.大于或等于

2.在施工网络计划中,如果某工作的自由时差刚好被全部利用时,则不会影响( )。

　A.本工作的最迟完成时间　　　　B.紧后工作的最早开始时间

　C.某后续工作的最早完成时间　　D.紧前工作的最早开始时间

3.在网络计划中,工作的最早开始时间应为其所有紧前工作( )。

　A.最早完成时间的最大值　　　　B.最早完成时间的最小值

　C.最迟完成时间的最小值　　　　D.紧后工作最早开始时间的最大值

4.网络计划中( )的工作,称为关键工作。

　A.总时差为零　　　B.自由时差为零　　　C.总时差最小　　　D.时间最长

5.在网络计划中,A 是 B 的先行工作,则( )。

　A.工作 B 是工作 A 的后续工作,同时也是紧后工作

　B.工作 B 是工作 A 的后续工作,但不一定是紧后工作

C. 工作 B 不是工作 A 的后续工作,但可能是紧后工作

D. 工作 B 不是工作 A 的后续工作,也不一定是紧后工作

6. 单代号网络图以( )表示工作之间的逻辑关系。

    A. 虚线   B. 节点   C. 箭线   D. 波形线

7. 在某工程网络计划中,如果发现工作 L 的总时差和自由时差分别为 4 天和 2 天,监理工程师检查实际进度时发现该工作的持续时间延长了 1 天,则说明工作 L 的实际进度( )。

    A. 不影响总工期,但影响其后续工作

    B. 既不影响总工期,也不影响其后续工作

    C. 影响工期 1 天,但不影响其后续工作

    D. 既影响工期 1 天,也影响后续工作 1 天

8. 某吊装构件施工过程包括 12 组构件,该施工过程综合时间定额为 6 台班/组,计划每天安排 2 班,每班 2 台吊装机械完成该施工过程,则其持续时间为( )天。

    A. 36   B. 18   C. 8   D. 6

9. 利用横道图表示建设工程进度计划的优点是( )。

    A. 有利于动态控制   B. 明确反映关键工作

    C. 明确反映工作机动时间   D. 简单明了、直观易懂

10. 在某工程网络计划中,已知工作 M 的总时差和自由时差分别为 4 天和 2 天,监理工程师检查实际进度时发现该工作的持续时间延长了 5 天,说明此时工作 M 的实际进度( )。

    A. 既不影响总工期,也不影响其后续工作的正常进行

    B. 不影响总工期,但将其紧后工作的开始时间推迟 5 天

    C. 将其后续工作的开始时间推迟 5 天,并使总工期延长 3 天

    D. 将其后续工作的开始时间推迟 3 天,并使总工期延长 1 天

11. 在工程网络计划中,工作 M 的 ES 和 LS 分别为 15 天和 18 天,$D=7$ 天,工作 M 有两项紧后工作,它们的 ES 分别为 24 天和 26 天,则工作 M 的 TF 和 FF 为( )天。

    A. 分别为 4 和 3   B. 均为 3   C. 分别为 3 和 2   D. 均为 2

12. 某工程时标网络计划中,若某工作箭线上没有波形线,且该工作完成节点为关键节点,则说明该工作( )。

    A. TF 大于 0

    B. 与其紧后工作之间的时间间隔为零

    C. $FF<TF$

    D. 为关键工作

13. 工程网络计划资源优化的目的之一是寻求( )。

    A. 工程总费用最低时的资源利用方案

    B. 资源均衡利用条件下的最短工期安排

    C. 工期最短条件下的资源均衡利用方案

    D. 资源有限条件下的最短工期安排

14. 在工程网络计划中,工作 M 的最早开始时间和最迟开始时间为 17 天和 23 天,其持续时间为 5 天,该工作有 3 项紧后工作,它们的最早开始时间分别为第 25 天、第 27 天和第 30

天,最迟开始时间分别为第 28 天、第 29 天和第 30 天,则工作 M 的总时差和自由时差为( )天。

    A.6 和 6   B.11 和 8   C.6 和 3   D.3 和 3

15.某项工作有两个紧后工作,其最迟完成时间分别为第 20 天、第 15 天,其持续时间分别为第 7 天、第 12 天,则本工作的最迟完成时间为第( )天。

    A.13   B.15   C.3   D.20

(二)多项选择题

1.在工程网络计划中,关键工作是( )的工作。

    A.总时差最小   B.关键线路上

    C.自由时差为零   D.持续时间最长

2.当某项工作进度出现偏差,为了不使总工期及后续工作受影响,在( )情况下需要调整进度计划。

    A.该工作为关键工作

    B.该工作为非关键工作,此偏差超过了该工作的总时差

    C.该工作为非关键工作,此偏差未超过该工作的总时差但超过了自由时差

    D.该工作为非关键工作,此偏差未超过该工作的总时差也未超过自由时差

3.根据优化目标不同,网络计划的优化可分为( )。

    A.工期优化   B.费用优化   C.资源优化   D.质量优化

4.关于网络图比横道图先进的叙述正确的有( )。

    A.网络图可以明确表达各项工作的逻辑关系

    B.网络图形象、直观

    C.横道图不能确定工期

    D.网络图可以确定关键工作和关键线路

    E.网络图可以确定各项工作的机动时间

5.网络图的绘图规则有( )。

    A.不允许出现代号相同的节点   B.不允许出现无箭头的节点

    C.不允许出现多个起始节点   D.不允许间断标号

    E.不需要出现多个既有内向箭线,又有外向箭线的节点

6.下列关于网络计划的叙述正确的有( )。

    A.在单代号网络计划中不存在虚拟工作

    B.在单、双代号网络计划中均可能有虚箭线

    C.在单代号网络计划中不存在虚箭线

    D.在双代号网络计划中,一般存在实箭线和虚箭线

    E.在时标网络计划中,除有实箭线外,还可能有虚箭线

7.根据下表给定逻辑关系绘制而成的某分部工程双代号网络计划如图 2.43 所示,其作图错误包括( )。

工作名称	A	B	C	D	E	F	G	H
紧后工作	C,D	E	F	—	G,H	—	—	—

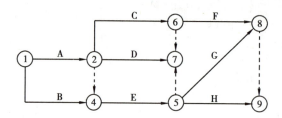

图 2.43　某分部工程双代号网络图

A. 节点编号错误　　　　　　　　　　B. 存在循环回路

C. 有多个起点节点　　　　　　　　　D. 有多个终点节点

E. 不符合给定逻辑关系

8. 某分部工程双代号网络图如图 2.44 所示,其作图错误表现在( )。

A. 有多个起点节点　　　　　　　　　B. 有多个终点节点

C. 节点编号错误　　　　　　　　　　D. 存在循环回路

E. 有多余虚工作

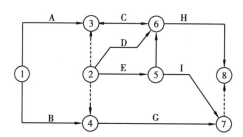

图 2.44　某工程双代号网络图

(三)判断题

1. 在施工进度计划的编制方法中,网络计划的表达形式是网络图。　　　　　( )

2. 网络中不允许出现闭合回路。　　　　　　　　　　　　　　　　　　　( )

3. 在双代号网络图中,虚箭线只具有断路与联系作用。　　　　　　　　　( )

4. 双代号网络图中不允许出现箭线交叉。　　　　　　　　　　　　　　　( )

5. 网络中通常只允许出现一条关键线路。　　　　　　　　　　　　　　　( )

6. 网络图中的逻辑关系就是指工作的先后顺序。　　　　　　　　　　　　( )

7. 总时差总是大于或等于零。　　　　　　　　　　　　　　　　　　　　( )

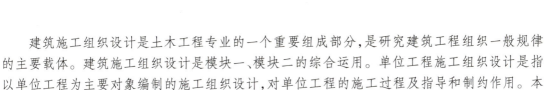

模块三　单位工程施工组织设计

　　建筑施工组织设计是土木工程专业的一个重要组成部分,是研究建筑工程组织一般规律的主要载体。建筑施工组织设计是模块一、模块二的综合运用。单位工程施工组织设计是指以单位工程为主要对象编制的施工组织设计,对单位工程的施工过程及指导和制约作用。本模块主要有五大任务,即了解单位工程施工组织设计的基本知识、编制单位工程施工方案、编制单位工程施工进度计划、编制单位工程资源需求量计划及掌握单位工程施工平面图的内容。

 学习目标

(一)知识目标

1.能理解编制单位工程施工组织设计的内容;
2.能掌握单位工程施工程序、施工顺序、施工方法和施工机械的选择依据;
3.能掌握单位工程资源需求量计划的内容;
4.能掌握施工平面图布置的内容。

(二)技能目标

1.能正确描述编制施工方案的步骤;
2.能正确制定主要技术组织措施;
3.能熟练编制单位工程施工进度计划;
4.能正确进行施工平面图布置。

(三)素养目标

1.通过学习施工组织设计相关知识,养成凡事欲则立的思维习惯;
2.通过编制施工组织设计,形成良好团队协作意识。

任务一　认识单位工程施工组织设计的基本知识

任务描述与分析

一份科学、合理的单位工程施工组织设计是保证单位工程在满足质量、工期和安全的条件下完成的前提和基础。那么,怎样进行单位工程施工组织设计呢? 本任务就单位工程施工组织设计的编制依据、内容和程序逐一进行全面讲述。本任务的具体要求是理解单位工程施工组织设计的基本知识,熟记单位工程施工组织设计的编制依据、内容和编制程序,从而培养团队协作意识和踏实的做事态度。

知识与技能

施工组织设计作为指导施工项目管理全过程的规划性、全局性的技术经济文件,必须服务于施工项目管理的全过程,同时是施工单位编制季度、月度施工作业计划,分部分项工程施工方案及劳动力、材料、构配件、机具等供应计划的主要依据。

单位工程施工组织设计是以单位工程为对象编制的规划和指导拟建工程从施工准备到竣工验收全过程的技术经济文件。它是施工前的一项重要准备工作,是具体指导施工的文件,是施工组织总设计的具体化,也是建筑施工企业编制月、旬作业计划的基础。

(一)单位工程施工组织设计的编制依据

单位工程施工组织设计的编制依据包括以下内容:

(1)主管部门的批示文件及有关要求。

(2)经过会审的施工图。

(3)施工企业年度施工计划。

(4)施工组织总设计。如果单位工程是整个建设项目中的一个项目,应把施工组织总设计中的总体施工部署以及对工程施工的有关规定和要求,作为编制依据。

(5)工程预算文件及有关定额。

(6)建设单位对工程施工可能提供的条件,如供水、供电情况等。

（7）施工条件。包括可能配备的劳动力情况，材料、预制构件来源及其供应情况，施工机具配备及其生产能力等。

（8）施工现场的勘察资料。

（9）有关的国家规定和标准。

（10）有关的参考资料及类似工程施工组织设计实例。

（二）单位工程施工组织设计的内容

单位工程施工组织设计一般应包括以下内容：

（1）工程概况：主要包括工程特点、建设地点特征和施工条件等内容。

（2）施工方案：编制单位工程施工组织设计的重点，主要包括确定主要工程的施工方法、施工顺序，选择施工机械，制订相应的技术组织措施等内容。

（3）施工进度计划：主要包括各分部（分项）工程的工程量、劳动量或机械台班量、施工班组人数、每天工作班数、工作持续时间及施工进度图等内容。

（4）施工准备工作及各项资源需要量计划：主要包括施工准备工作计划及劳动力、施工机具、主要材料、预制构件等的需要量计划。

（5）施工现场平面图：主要包括起重运输机械位置的确定，搅拌站、加工棚、仓库及材料堆放场地的合理布置，运输道路、临时设施及供水、供电管线的布置等内容。

（6）主要技术组织措施：主要包括各项技术措施、质量保证措施、安全保证措施、降低成本措施和现场文明施工保证措施等内容。

（7）主要技术经济指标：主要包括工期指标、质量和安全指标、降低成本指标和节约材料指标等内容。

以上7项内容中，以施工方案、施工进度计划、施工平面图三项最为关键，它们分别规划了单位工程施工中的技术与组织、时间、空间三大要素，在单位工程组织设计中，应着力研究筹划，以期达到合理科学应用。对一般的建筑结构且规模不大的单位工程，施工组织设计可以编制得简单一些，即主要内容有施工方案、施工进度计划和施工平面图，并辅以简单的说明。

（三）单位工程施工组织设计的编制程序

所谓编制程序，是指单位工程施工组织设计各个组成部分的先后次序以及相互之间的制约关系。单位工程施工组织设计的编制程序和内容，如图3.1所示。

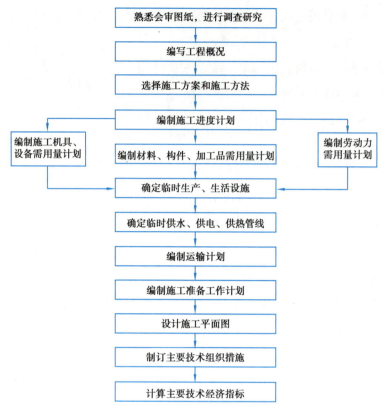

图 3.1　单位工程施工组织设计的编制程序

拓展与提高

了解施工组织总设计的内容

　　施工组织总设计是以整个建设项目或群体工程为对象,根据初步设计或扩大初步设计图纸进行编制的。重点是研究整个建设项目在施工组织中的全局性问题并进行统筹规划,作为整个建设工程项目施工的全局性指导文件,是各个分包单位承建单位工程时编制单位工程施工组织设计的依据。

(一)施工组织总设计的编制依据

　　施工组织总设计一般依据下列资料进行编制:

(1)计划文件;

(2)设计文件和合同文件;

(3)建设地区的调查资料;

(4)国家现行的政策法规、规范、规定和地区性条件等;

(5)类型相似工程项目建设的经验资料等。

(二)施工组织总设计的内容

施工组织总设计的具体内容有以下几个方面:

(1)工程概况和特点分析。

(2)施工部署和施工方案:

①施工任务的组织分工和安排;

②重点单位工程施工方案;

③主要工种工程施工;

④"三通一平"规划。

(3)施工准备工作计划。

(4)施工总进度计划。

(5)各种资源需要量计划。

(6)施工总平面布置图。

(7)技术经济指标。

 ## 思考与练习

(一)单项选择题

1.单位工程施工组织设计的编制对象是(　　　)。

　A.单项工程　　　　B.单位工程　　　　　C.分部工程　　　　D.分项工程

2.单位工程施工组织设计的编制依据不包括(　　　)。

　A.经过会审的施工图　　　　　　　　B.施工组织总设计

　C.施工企业旬度施工计划　　　　　　D.有关的国家规定和标准

3.单位工程施工组织设计的内容不包括(　　　)。

　A.施工进度计划　　　　　　　　　　B.施工现场平面图

　C.主要技术组织措施　　　　　　　　D.施工总平面图

(二)多项选择题

1.单位工程施工组织设计中,最为关键的是(　　　)3项内容。

　A.施工方案　　　　B.主要技术组织措施　　C.施工平面图　　　D.施工进度计划

2.选择施工方法和施工机械的主要依据有(　　　)。

　A.质量要求　　　　B.工期长短　　　　C.合同条件　　　　D.施工条件

　E.资源供应情况

3.施工组织设计是用来指导拟建工程施工全过程中各项活动的(　　　)的综合性文件。

　A.技术　　　　B.设计　　　　C.方案　　　　D.经济　　　　E.组织

4.施工组织总设计是以(　　　)为对象编制的。

　A.建设项目　　B.单项工程　　C.单位工程　　D.施工工程　　E.群体工程

5.施工组织设计的内容包括(　　　)。

A. 编制依据　　　　B. 工程概况　　　　C. 施工单位资质　　　　D. 施工部署

E. "三通一平"

（三）判断题

1. 单位工程施工组织设计是以单位工程为对象编制的规划和指导已建工程从施工准备到竣工验收全过程的技术经济文件。　　　　　　　　　　　　　　　　　　（　　）

2. 施工组织总设计是单位工程施工组织设计的具体化。　　　　　　　　　　（　　）

3. 通常情况下,编制施工进度计划后是熟悉会审图纸。　　　　　　　　　（　　）

（四）问答题

1. 单位工程施工组织设计的编制依据有哪些?

2. 单位工程施工组织设计一般包括哪些内容?

任务二　编制单位工程施工方案

 ## 任务描述与分析

编制单位工程施工方案是单位工程施工组织设计的核心,是单位工程施工组织设计中决策性的重要环节。施工方案选择的恰当与否,直接影响单位工程的施工效益、质量、工期和企业的经济效益等。本任务的具体要求是掌握施工方案的编制方法与步骤,能编制一般项目或分项工程的施工方案,进而提高自主学习和沟通交流的能力。

 ## 知识与技能

施工方案的选择,一般包括确定施工程序、施工流向和施工顺序,合理选择施工方法和施工机械,制订技术组织措施等。

（一）确定施工程序

施工程序是指单位工程中各分部工程或施工阶段的先后次序及其制约关系,其任务主要是从总体上确定单位工程的主要分部工程的施工顺序。工程施工受自然条件和物质条件的制约,它在不同施工阶段的不同工作内容按照其固有的、不可违背的先后次序循序渐进地向前开展,它们之间有着不可分割的联系,既不能相互代替,也不允许颠倒或跨越。在确定施工程序时应注意以下要点。

1. 做好施工准备工作

为了保证工程顺利开工和施工活动正常进行,必须事先做好各项准备工作。它是施工程序中的重要环节,不仅存在于开工之前,而且贯穿于整个施工过程中。

单位工程的施工准备分内业和外业两部分。内业准备工作包括熟悉、审查施工图纸和有关的设计资料，编制施工预算，编制施工组织设计，落实设备与劳动力计划，落实协作单位，对职工进行施工安全与防火教育等。外业准备工作包括完成拆迁，清理障碍，管线迁移（包括场内原有高压线搬迁），做好"三通一平"（路通、水通、电通和平整场地），做好施工场地的控制网测量，进行拟建工程的实地勘测和调查，设置建造临时设施，施工机械设备进场，安装、调试、铺设临时水电管网，完成临时道路建造，做好建筑构（配）件、制品、材料的存储和堆放，及时提供建筑材料的试验申请计划，做好冬雨季施工安排，设置消防、保安设施等。

施工准备工作既要有阶段性，又要有连贯性，因此施工准备工作必须有计划、分期、分阶段、有组织、有步骤地进行，要贯穿拟建工程整个生产过程的始终。

为了落实各项施工准备工作，应建立健全各项管理制度，加强检查和监督。

2. 单位工程施工程序

单位工程施工必须遵守"先地下后地上""先土建后设备""先主体后围护""先结构后装饰"的原则。

（1）"先地下后地上"是指在地上工程开始前，尽量把管线、线路等地下设施敷设完毕，土方及基础工程完成或基本完成，以免对地上工程施工产生干扰。

（2）"先土建后设备"即不论是工业建筑还是民用建筑，都应正确处理土建与水、暖、电、卫设备的先后顺序，尤其在装修阶段，要从保质量、讲成本的角度处理好相互之间的关系。

（3）"先主体后围护"主要是指框架结构施工时，应注意在总的程序上有合理的搭接。一般来说，多层建筑主体结构与围护结构以少搭接为宜，而高层建筑则应尽量搭接施工，以便有效地节约时间。

（4）"先结构后装饰"是针对一般情况而言，有时为了压缩工期，也可以部分搭接施工。

3. 合理安排土建施工与设备安装的施工程序

工业厂房的施工很复杂，除要完成一般土建工程外，还要完成工艺设备和工业管道等的安装工程。为了使工厂早日投产，不仅要加快土建工程施工速度，为设备安装工程提供作业面，而且应根据设备性质、安装方法、厂房用途等因素，合理安排土建工程与工艺设备安装工程之间的施工程序。根据所采取的施工方法不同，一般有以下 3 种程序：

（1）封闭式施工。土建主体结构完成之后（或装饰工程完成之后），即可进行设备安装。它适用于一般机械工业厂房（如精密仪器厂房）的施工。

（2）敞开式施工。先施工设备基础、安装工艺设备，然后建造厂房。它适用于冶金、电力等工业的某些重型工业厂房（如冶金工业厂房中的高炉间）的施工。

（3）设备安装与土建施工同时进行。这样土建施工可以为设备安装创造必要的条件，同时又可采取防止设备被砂浆、垃圾等污染的保护措施，从而加快工程的进度。

4. 做好竣工收尾工作

收尾工作是指工程接近交工阶段时会存在一些未完的零星项目，其特点是分散、工程量小、分布面广。做好收尾工作有利于提前交工。进行收尾工作时，应先做好准备工作，摸清收尾项目，再落实好相应的劳动力和机具材料，逐项解决和完成。

（二）确定施工流向

施工流向是指单位工程在平面上或空间上开始施工的部位及其流动的方向，它着重强调单位工程框架式的施工流程，但这种框架式的施工流程却决定了整个单位工程的施工方法和步骤。

施工流向的确定，应考虑以下几个方面：

1. 生产工艺或使用要求

生产工艺上影响其他工段试车投产的或生产使用上要求急的工段或部位，可先安排施工。

2. 单位工程各部分的繁简程度

对技术复杂、施工进度较慢、工期较长的工段或部位，应先施工。

3. 房屋高低层或高低跨

在高低跨并列的单层工业厂房结构安装中，柱的吊装应从高低跨并列处开始；在高低层并列的多层建筑物中，层数多的区段应先施工。

4. 工程现场条件和施工方案

工程现场条件，如施工场地大小、道路布置等以及施工方案所采用的施工方法和机械，也是确定施工流向和起点的主要因素。例如，土方工程施工中，边开挖边外运余土，则施工起点应确定在远离道路的部位，由远及近展开施工。又如，根据工程条件，挖土机械可选用正铲挖土机、反铲挖土机、拉铲挖土机等，吊装机械可选用履带吊、汽车吊或塔吊。这些机械的开行路线或布置位置决定了基础挖土及结构吊装施工的起点和流向。

5. 施工组织的分层、分段

划分施工层、施工段的部位，如伸缩缝、沉降缝、施工缝等，也是决定其施工流向时应考虑的因素。

6. 分部分项工程或施工阶段的特点

各分部分项工程的施工起点流向有其自身的特点。例如，基础工程由施工机械和施工方法决定其平面的施工起点流向；主体结构工程从平面上看，从哪一边先开始都可以，但竖向一般应自下而上施工；装饰工程竖向的流程比较复杂，室外装饰一般采用自上而下的工程流向，室内装饰则有自上而下、自下而上、自中而下再自上而中 3 种流向。

现将室内装饰的 3 种流向分述如下：

（1）自上而下的施工流向是指主体结构工程封顶、做好屋面防水层以后，室内装修从顶层开始，逐层向下进行。有水平向下和垂直向下两种方式，如图 3.2 所示。施工中一般采用水平向下的方式较多。

（2）自下而上的施工流向是指主体结构施工完成第 3 层楼板后，室内装饰从第 1 层开始，逐层向上进行。其施工流向有水平向上和垂直向上两种情况，如图 3.3 所示。

（3）自中而下再自上而中的施工流向综合了前两者的优点，一般适用于高层建筑的室内装饰施工，其施工起点流向如图 3.4 所示。这种流向分工不仅能适应施工组织的分区分段和主导工程的合理施工顺序，而且与材料、构件运输的方向不相冲突。

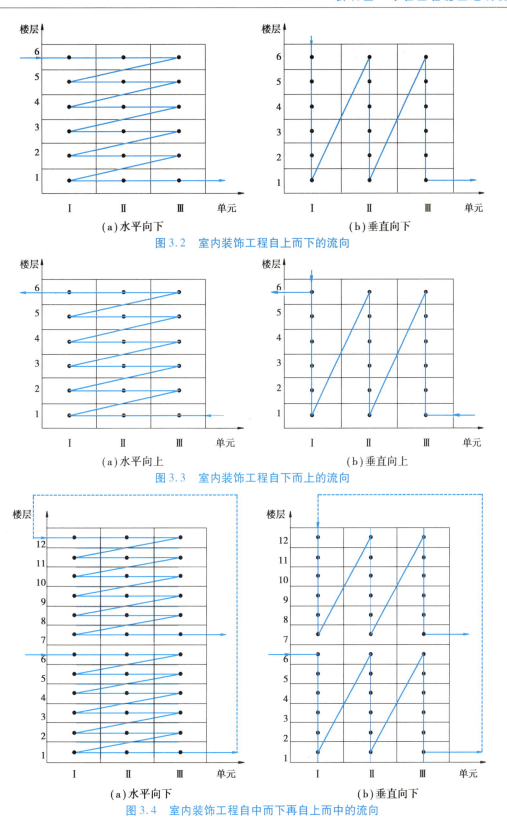

（a）水平向下　　　　　　　　（b）垂直向下

图 3.2　室内装饰工程自上而下的流向

（a）水平向上　　　　　　　　（b）垂直向上

图 3.3　室内装饰工程自下而上的流向

（a）水平向下　　　　　　　　（b）垂直向下

图 3.4　室内装饰工程自中而下再自上而中的流向

单位工程施工方案应结合工程的建筑结构特征、施工条件和建设要求,合理确定建筑物的施工开展顺序,包括确定建筑物各楼层、各单位(跨)的施工顺序和流水方向等。

(三)确定施工顺序

施工顺序是指各分项工程或工序之间施工的先后顺序。确定施工顺序是为了按照客观规律组织施工,也是为了解决各工种之间在时间上的搭接问题,在保证质量和安全的前提下,做到充分利用空间,实现缩短工期的目的。

1.确定施工顺序时必须遵循的基本原则

(1)必须符合施工工艺的要求。这种要求反映施工工艺存在的客观规律和相互制约关系,一般是不能违背的。例如,基础工程未做完,其上部结构就不能进行;基槽(坑)未挖完土方,垫层就不能施工;浇筑混凝土必须在安装模板、钢筋绑扎完成,并经隐蔽工程验收后才能开始;门窗框未安装好,地面或墙面抹灰就不能开始;抹灰罩面应待基层完工后,并经过一段时间干燥后才能进行;全框架结构应在框架全部施工完后再砌砖墙,而内框架结构只有待外墙砌筑与钢筋混凝土柱都完成后才能浇筑梁板;钢筋混凝土预制构件必须达到一定强度后才能进行吊装。

(2)必须与施工方法协调一致。例如,采用分件吊装法时,应先吊柱,再吊梁,最后吊一个节间的屋架和屋面板;如果采用综合吊装法,则施工顺序为一个节间全部构件吊完后,再依次吊装下一个节间,直至全部吊完。

(3)必须考虑施工组织的要求。例如,有地下室的高层建筑,其地下室地面工程可以安排在地下室顶板施工前进行,也可以在顶板铺设后施工。

(4)必须考虑施工质量的要求。例如,屋面防水施工必须等找平层干燥后才能进行,否则会影响防水工程的质量。

(5)必须考虑当地气候条件。例如,雨季和冬季到来之前,应先做完室外各项施工过程,为室内施工创造条件。

(6)必须考虑安全施工的要求。如脚手架应在每层结构施工之前搭好。

2.多层砖混结构的施工顺序

多层砖混结构施工时,一般可划分为基础、主体、屋面装修及房屋设备安装等施工阶段,其施工顺序如图3.5所示。

1)基础阶段的施工顺序

该阶段的施工过程与施工顺序一般为:挖土→垫层→基础→基础防潮层→回填土。如有桩基础,则应另列桩基工程;如有地下室,则在垫层完成后进行地下室底板、墙身施工,再做防水层,安装地下室顶板,最后回填土。

2)主体阶段的施工顺序

该阶段的施工过程包括搭设垂直运输机械及脚手架,墙体砌筑,现浇圈梁和雨篷,安装楼板等。这一阶段,应以墙体砌筑为主进行流水施工。根据每个施工段砌墙工程量、工人人数、垂直运输量及吊装机械效率等计算确定流水节拍的大小,而其他施工过程则应配合砌墙的流水,搭接进行。

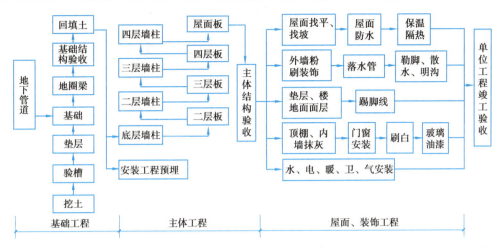

图 3.5 砖混结构施工顺序示意图

3）屋面、装修、房屋设备安装阶段的施工顺序

该阶段的特点是施工内容多、繁而杂；有的工程量大而集中，有的则小而分散；劳动消耗量大，手工操作多，工期较长。

（1）屋面保温层、找平层、防水层的施工应依次进行。刚性防水屋面的现浇钢筋混凝土防水层、分格缝施工应在主体结构完成后开始并尽快完成，以便为顺利进行室内装修创造条件。一般情况下，它可以和装修工程搭接或并行施工。

（2）装修工程可分为室外装修和室内装修两部分。其中，室外装修包括外墙抹灰、勒脚、散水、台阶、明沟、落水管及道路等施工过程。室内装修包括天棚、墙面、地面抹灰，门窗扇安装，五金及各种木装修，踢脚线，楼梯踏步抹灰等施工过程。由于施工过程内容繁而杂，因此要安排好立体交叉平行搭接施工，合理确定其施工顺序。施工顺序通常有先内后外、先外后内、内外同时进行 3 种。一般来说，采用先外后内的顺序较为有利。

（3）室内抹灰在同一层内的顺序有两种：地面→天棚→墙面，天棚→墙面→地面。前一种顺序便于清理地面基层，地面质量易于保证，而且便于利用墙面和天棚的落地灰，节约材料。但地面需要养护时间和采取保护措施，否则后道工序不能及时进行。后一种顺序应在做地面面层时将落地灰清扫干净，否则会影响地面的质量（产生起壳现象）。若为预制楼板地面，施工用水的渗漏可能影响下一层墙面、天棚的抹灰质量。但在南方进行现浇混凝土结构施工时，室内抹灰应按"天棚→墙面→地面"的施工顺序，这样有利于保证天棚、墙面的施工质量。

（4）底层地坪一般是在各层装修做好后施工。为保证质量，楼梯间和踏步抹灰往往安排在各层装修基本完成后进行。门窗扇的安装可在抹灰之前或之后进行，主要视气候和施工条件而定，宜先油漆门窗扇，后安装玻璃。

（5）房屋设备安装工程的施工可与土建有关分部分项工程交叉施工，紧密配合。例如，基础施工阶段，应先将相应的管沟埋设好，再进行回填土；主体结构施工阶段，应在砌墙或现浇楼板的同时，预留电线、水管等的孔洞或预埋木砖和其他预埋件；装修阶段，应安装各种管道和附墙暗管、接线盒等，以及水、暖、气、电、卫等设备安装最好在楼地面和墙面抹灰之前或之后穿插施工。室外上下水管道等的施工可安排在土建工程之前或与土建工程同时进行。

3.单层装配式厂房的施工顺序

单层装配式厂房的施工,一般可分为基础、预制、吊装、围护及屋面、装修、设备安装等施工阶段。各施工阶段的施工顺序如图3.6所示。

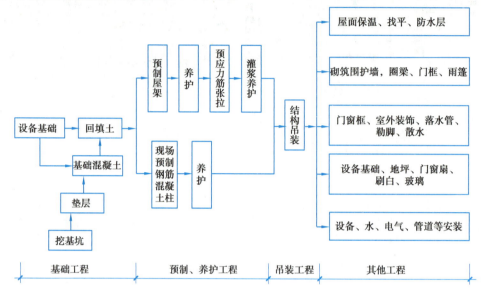

图3.6　单层工业厂房施工顺序示意图

1)基础阶段的施工顺序

该阶段的施工顺序一般为:挖土→垫层→杯形基础(也可分为扎筋、支模、浇筑混凝土等)→回填土。如采用桩基础,可另列一个施工阶段,打桩工程也可安排在准备阶段进行。若桩基、土方和基础工程分别为不同单位分包,则可分为3个单独的施工过程,分别组织施工。

对厂房内的设备基础,应根据不同情况,采用封闭式或敞开式施工。封闭式施工,即厂房柱基础先施工,设备基础在结构安装后施工,适用于设备基础不大、不深(不超过桩基础深度)、不靠近桩基的情况;敞开式施工,即厂房柱基础与设备基础同时施工,适用于设备基础较大、较深、靠近柱基的情况,施工时应遵循先深后浅的要求来安排设备基础施工的先后顺序。

2)预制阶段的施工顺序

该阶段主要包括一些质量较大、运输不便的大型构件的现场预制,如柱、屋架、吊车梁等。可采用先屋架后柱或柱、屋架依次分批预制的顺序,这取决于结构吊装方法。现场后张法预应力屋架的施工顺序为:场地平整夯实→支模板(地胎模或多节脱模)→扎筋(有时先扎筋后支模)→预留孔道→浇筑混凝土→养护→拆模→预应力筋张拉→锚固→灌浆。

3)吊装阶段的施工顺序

该阶段的施工顺序取决于吊装方法。若采用分件吊装法时,其施工顺序一般是:第一次吊装柱,并进行校正固定;第二次安装吊车梁、联系梁、基础梁等;第三次吊装屋盖构件。若采用综合吊装法时,其施工顺序一般是:先吊装一、二节间的4~6根柱,再吊装该节间内的吊车梁等构件,最后吊装该节间内的屋盖构件,如此逐间依次进行,直至全部厂房吊装完毕。

抗风柱的吊装可采用两种顺序:一是在吊装柱的同时先安装该跨一端抗风柱,另一端则在屋盖吊装完毕后进行;二是全部抗风柱的吊装均在屋盖吊装完毕后进行。

4）围护、屋面及装修阶段的施工顺序

该阶段总的施工顺序是：围护结构→屋面工程→装修工程。

（1）围护结构的施工顺序为：搭设垂直运输机具（井架等）→砌砖墙（脚手架搭设与之相配合）→现浇门框、雨篷等。

（2）屋面工程在屋盖构件吊装完毕和垂直运输机械搭设完成后，就可安排施工，其施工过程和顺序与前述砖混结构基本相同。

（3）装修工程包括室内装修（包括地面、门窗扇、玻璃安装、油漆、刷白等）和室外装修（包括勾缝、抹灰、勒脚、散水等），两者可平行施工，也可与其他施工过程穿插进行。室外抹灰一般自上而下进行；室内地面施工前应将前道工序全部做完；刷白应在墙面干燥和大型屋面板灌缝之后进行，并在油漆开始之前结束。

5）设备安装阶段的施工顺序

水、暖、气、卫、电安装与前述砖混结构相同。而生产设备的安装，一般由专业公司承担，由于设备安装专业性强、技术要求高，应按照有关顺序进行。

4.多层现浇钢筋混凝土框架结构的施工顺序

多层现浇钢筋混凝土框架结构的施工，一般可划分为基础工程、主体结构工程、围护结构工程、装饰及设备安装工程4个施工阶段。如图3.7所示为某3层框架结构工程房屋的施工顺序示意图。

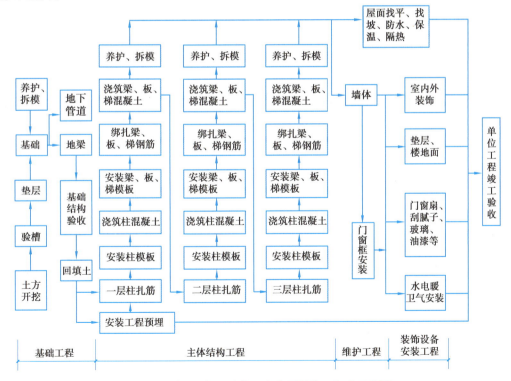

图3.7　某3层框架结构工程房屋的施工顺序示意图

（四）选择施工方法、施工机械

单位工程各主要施工过程的施工，一般有几种不同的施工方法（或机械）可供选择。这时，应根据建筑结构特点、平面形状、尺寸和高度、工程量大小、工期长短、劳动力及资源供应情况、气候及地质情况、现场及周围环境，以及施工单位技术、管理水平和施工习惯等，进行综合分析考虑，选择合理、切实可行的施工方法。正确选择施工方法和施工机械也是施工组织的关键，它直接影响施工进度、施工质量、施工安全和工程成本。

1. 施工方法的选择

1）选择施工方法的基本要求

（1）满足主导施工过程的施工方法要求；

（2）满足施工技术的要求；

（3）符合机械化程度的要求；

（4）符合先进、合理、可行、经济的要求；

（5）满足工期、质量、成本和安全的要求。

2）主要分部分项工程施工方法的选择

（1）基础工程，包括确定基槽开挖方式和挖土机具；确定地表水、地下水的排除方法；砌砖基础、钢筋混凝土基础的技术要求，如宽度、标高的控制等。

（2）砌筑工程，包括砖墙的砌筑方法和质量要求；弹线和皮数杆的控制要求；脚手架搭设方法和安全网的挂设方法等。

（3）钢筋混凝土工程，包括选择模板类型和支模方法，必要时进行模板设计和绘制模板放样图；选择钢筋的加工、绑扎、连接方法；选择混凝土的搅拌、输送和浇筑顺序及其所需设备等。

（4）结构吊装工程，包括确定结构吊装方法；选择所需机械，确定构件的运输和堆放要求，绘制有关构件预制布置图等。

（5）屋面工程，包括屋面施工材料的运输方式、各道施工工序的操作要求等。

（6）装饰工程，包括各种装修的操作要求和方式、材料的运输方式和堆放位置、工艺流程和施工组织确定等。

2. 施工机械的选择

施工机械的选择是拟订施工方法的中心环节，在选择时应着重考虑以下几点：

（1）首先选择主导工程的施工机械。根据工程特点，选择最适宜的机械类型，如地下工程的施工机械、主体结构工程的垂直和水平运输机械、结构吊装工程的起重机械等。

（2）各种辅助机械或运输工具应与主导机械的生产能力协调匹配，以充分发挥主导机械的效率。

（3）在同一工地上，应使建筑机械的种类和型号尽可能少一些，以便于机械管理；尽量使机械少，一机多用，提高机械使用率。

（五）主要技术组织措施

技术组织措施是为保证工程质量、安全、成本、工期、文明施工和环境保护等，在技术和组

织方面所采取的方法与措施。施工中常用的技术组织措施有:

1. 工程质量保证措施

工程质量的关键是从全面质量管理的角度,建立质量保证体系,采取切实可行的有效措施,从材料采购、订货、运输、堆放、施工、验收等各方面去保证质量。保证质量的措施应从以下几个方面考虑:

(1)确保工程定位放线、轴线尺寸、标高测量等准确无误的措施;

(2)对复杂地基的处理,应采取保证地基承载力符合设计要求的技术措施;

(3)确保各种基础、地下结构施工质量的措施;

(4)确保主体承重结构各主要施工过程的质量要求,各种预制承重构件检查验收的措施,各种材料、半成品、砂浆、混凝土等检验及使用要求;

(5)对新结构、新工艺、新材料、新技术的施工操作提出质量措施或要求;

(6)确保屋面防水、装饰工程的施工质量措施;

(7)季节性施工的质量措施,消除质量通病及其预防措施;

(8)执行施工质量的检查、验收制度;

(9)坚持"验评分离,强化验收,完美手段,过程控制"的指导思想,严格按照国家标准《建筑工程施工质量验收统一标准》(GB 50300—2013)验收,保证工程质量。

2. 施工安全保证措施

建筑安装工程的生产稍有不慎,就会造成安全事故。因此,安全施工占有重要地位,编制施工组织设计时应给予足够重视。

施工安全保证措施一般应从以下几个方面考虑:

(1)提出安全施工宣传、教育的具体措施;

(2)提出易燃、易爆品严格管理及使用的安全技术措施;

(3)在高温、有毒、有尘、有害气体环境下作业时,对操作人员的安全要求和相应的安全措施;

(4)防止高空坠落、机具伤害、触电事故、物体打击和土方塌落等工伤事故发生的安全措施;

(5)狂风、暴雨、雷电等特殊天气发生前后的安全检查措施及安全维护制度;

(6)防火、消防措施。

3. 降低工程成本措施

降低工程成本措施应从以下几个方面考虑:

(1)精心组织,科学施工,采用先进的施工技术。

(2)合理组织劳务队伍,以提高劳动生产率,减少总用工数。

(3)物资管理的计划性,从采购、运输、现场管理及材料回收等方面,最大限度地降低原材料和成品、半成品的成本。

(4)采用新技术、新工艺,以提高工效,降低材料消耗量,节约施工总费用。

(5)保证工程质量,减少返工损失;保证安全生产,减少事故频率,避免意外工伤事故带来的损失。

(6)采用机械化施工,提高机械利用率,减少机械费用的开支。

(7)增收节支,减少施工管理费的支出。

(8)利用原有建筑物,减少临时设施费用。

(9)采用流水施工,缩短工期,以节省各项费用开支。

4. 工期保证措施

保证项目工期的措施应从以下几个方面考虑:

(1)施工准备抓早抓紧。包括复核图纸,完善施工组织设计,积极配合业主及相关单位办理拆迁工作。

(2)采用网络计划技术对施工进度进行动态管理。

(3)对交叉和施工干扰的工程提前研究,制定措施,及时调整工序,协调人、财、物、机,保证工程的连续性和均衡性。

(4)加强物资供应计划的管理,每月或旬提出资源需求计划。

(5)对主导施工过程,优先保证资源供应,重点管理和控制。

(6)根据当地的气象、水文资料,有预见性地做好预防工作,尤其是做好冬、雨季施工。

(7)做好设计与施工现场的校对,及时进行设计变更和技术洽商。

(8)确保劳动力充足、有效。

5. 现场文明施工措施

现场文明施工措施主要包括以下几个方面:

(1)设置施工现场的围挡与标牌,确保出入口与交通安全。道路畅通,场地平整。

(2)临时设施的规划与搭设,办公室、更衣室、食堂、厕所的安排与环境卫生,符合相关规定要求。

(3)各种材料、半成品、构件的堆放与管理。

(4)防止各种环境污染,施工现场内要整洁,避免尘土飞扬。

(5)合理组织施工,加强成品保护。

(6)施工机械保养与安全使用,注重施工用电安全、消防措施。

6. 施工环境保护措施

为了保护环境,防止在施工中造成污染的措施主要包括以下几个方面:

(1)推行和贯彻环境管理体系,制定环境保护管理制度和作业指导书;

(2)加强环境保护宣传,提高施工现场的环境保护意识;

(3)防止因施工造成的水土流失和绿色覆盖层及植物的破坏;

(4)施工现场不得随意排放未经处理的废油、废水和污水;

(5)在靠近居民区附近施工的项目要防止噪声污染;

(6)机械化程度较高的施工场所,要对机械排出的废气进行净化和控制。

(六)某现浇框架结构主体工程施工方案实例

某主体工程为全现浇框架结构。地下部分墙体采用240 mm厚实心砖,抗压强度≥5.0 MPa,M5水泥砂浆砌筑;地上部分全部采用240 mm厚灰砂砖,M5混合砂浆砌筑。

1.划分施工段,确定施工流向及施工顺序

主体结构工程施工按建筑平面图布局,在⑦轴设置施工缝,将工作面在平面上划分为工作量相同的两个施工段,空间按层分段,施工起点和流向安排如图3.8所示。

各段、各层的施工顺序安排如图3.9所示。

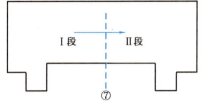

图3.8　主体结构施工分段及流向示意图

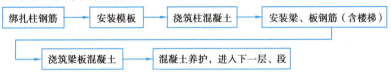

图3.9　主体结构施工各段、各层的施工顺序示意图

2.选择施工方法和施工机械

本工程钢筋均采用场内加工。根据钢筋规格和工程量,选择钢筋调直机、弯曲机、切断机各2台,交流焊机2台,直流焊机1台进行钢筋加工。混凝土采用现场搅拌,选择2台350 L混凝土搅拌机,每小时产出的混凝土量为6~8 m³,可满足混凝土连续浇筑的需要。配置混凝土振捣仪、双轮小车若干。柱、梁优先采用组合钢模板,楼板采用18 mm厚夹板,配备3套模板和适量的周转材料。选择3台锯木机用于模板加工。模板支撑系统采用多功能门式脚手架。现场配置2台2 m×3 m钢井架附设把杆,作为主要的垂直运输机械,用于吊运钢筋、棚料,混凝土浇筑施工,砌筑、装修时运输砌体和装饰材料。外脚手架采用全高搭设扣件式钢管脚手架(搭设方法略)。为确保现场人员进出工地安全,在建筑物的西面搭设安全平台,用于遮蔽通道上空。

3.主要施工过程的施工工艺及要求

1)钢筋工程

(1)材料准备与加工。配筋及半成品钢筋在现场加工,包括钢筋加工、钢筋绑扎。参加机械连接作业的人员经过厂家技术培训,并经考核合格后持证上岗。为了保证本工程钢筋原材料的质量,供应厂家采用国家定点生产的产品。钢筋采购严格执行 ISO 9002 质量标准和相关程序文件。

绑扎、安装钢筋前,应先做好下列准备工作:

①验收模板,核对成品钢筋的型号、直径、形状、尺寸和数量与料单牌是否相符。

②绑扎前,先整理调直下层伸出的搭接筋,并将锈蚀、水泥砂浆等污垢清除干净。

③根据标高,检查下层伸出搭接筋处的混凝土表面标高(柱顶、墙顶)是否符合图纸要求。如有松散不实之处,要凿除并清理干净。

④按要求搭设脚手架。

⑤根据设计图纸及工艺标准要求,向班组进行技术交底。

(2)柱钢筋绑扎。柱钢筋绑扎的工艺流程为:套柱箍筋→搭接绑扎竖向受力筋→画箍筋间距线→柱箍筋绑扎。

①套柱箍筋:按图纸要求间距和计算好的箍筋数量,将箍筋套在下层伸出的搭接筋上,然

后立柱子钢筋,在搭接长度内绑扎点不少于 3 个。

②搭接绑扎竖向受力筋:柱子主筋立起之后,按钢筋直径进行绑扎或机械连接。接头的位置应按要求相互错开,搭接长度应符合设计要求。

③画箍筋间距线:在立好的柱子竖向钢筋上,按图纸要求用粉笔画箍筋间距线。

④柱箍筋绑扎:按已画好的箍筋位置线,将已套好的箍筋往上移动,由上往下绑扎。箍筋与主筋要垂直,箍筋转角处与主筋交点均要绑扎,非转角部分的相交点成梅花交错绑扎,箍筋的弯钩叠合处应沿柱子竖筋四角交错布置,并绑扎牢固。柱上下两端箍筋应加密,加密区长度及加密区内箍筋间距应符合设计图纸要求。如果设计要求箍筋设置拉筋时,拉筋应钩住箍筋,柱筋保护层厚度应符合规范要求。在柱竖筋外皮上绑扎垫块,间距一般为 1 000 mm,以保证主筋保护层厚度准确。

(3)梁钢筋绑扎。模内绑扎的工艺流程为:画主次梁箍筋间距线→放主次梁箍筋→穿主梁底层纵筋并与箍筋固定住→穿次梁底层纵筋并与箍筋固定→穿主梁上层纵筋→按箍筋间距绑扎牢固→穿次梁上层纵筋→按箍筋间距绑扎牢固。

模外绑扎(先在梁模板上口绑扎成型后再入模内)的工艺流程为:画箍筋间距线→在主次梁模板上口铺横杆数根→在横杆上面放箍筋→穿主梁下层纵筋→穿次梁下层纵筋→穿主梁上层纵筋→按箍筋间距绑扎→穿次梁上层纵筋→按箍筋间距绑扎牢固。

①在梁侧模板上画出箍筋间距,摆放箍筋。

②先穿主梁的下部纵向受力钢筋及弯起钢筋,将箍筋按已画好的间距逐个分开;再穿次梁的下部纵向受力钢筋及弯起钢筋,并套好箍筋;然后放主次梁的架立筋,隔一定间距将架立筋与箍筋绑扎牢固;调整箍筋间距使其符合设计要求,绑架立筋,再绑主筋,主次梁同时配合进行。

③梁上部钢筋水平方向的净间距不应小于 30 mm 和 1.5 d,梁下部钢筋水平方向的净间距不应小于 25 mm 和 d。当下部钢筋多于 2 层时,2 层以上钢筋水平方向的中距应比下面 2 层的中距增大一倍。d 为钢筋的最大直径。

④梁中配有两排或两排以上钢筋时,上下钢筋的净距不得小于 25 mm 和 d。为了保证上下两排钢筋之间的净距,可用 $\phi25$ 的短钢筋夹在中间,该钢筋应同上下两排钢筋绑扎牢固。

⑤主梁在次梁处设有吊筋,按设计要求进行设置,无设计要求时按下列要求设置:

a. 吊筋的底宽为次梁宽度每边加 50 mm;

b. 钢筋的弯起角度:梁高≤700 mm 时,为 45°;梁高>700 mm 时,为 60°;

c. 吊筋在主梁梁面的长度不小于 20 d,d 为吊筋的直径;

d. 吊筋的底部应在次梁梁底钢筋的下面,且不低于主梁梁底最下一批钢筋。

⑥梁与柱交错时,梁中的外侧钢筋应放在柱外侧钢筋的内侧。

⑦高度大的梁钢筋绑扎时,应在梁底模上安装,绑扎完成后(经验收)再安装侧模。

⑧箍筋的绑扎应注意下列要点:

a. 箍筋的接头(弯钩叠合处)应交错布置在梁两角的纵筋上;

b. 箍筋在离梁边或柱边 50 mm 处开始绑扎;

c. 在砖墙上或搁置在梁上的梁箍筋,应在伸入支座 50 mm 处绑扎一道箍筋,端部再绑扎一道箍筋。

（4）板钢筋绑扎。板钢筋绑扎的工艺流程为：清理模板→模板上画线→绑扎板下受力筋→绑扎负弯短钢筋。

①清理模板上面的杂物，用粉笔在模板上画好主筋、分布筋间距。

②按画好的间距，先摆放受力筋，后摆放分布筋，预埋件、电线管、预留孔等要及时配合安装。

③在现浇板中有板带梁时，应先绑扎板带梁钢筋，再摆放板钢筋。

④楼板中钢筋不宜过长，过长的板中，钢筋宜分成数段安装。

⑤楼板中的板底钢筋可伸到梁的中点，但较窄的梁（梁宽<120 mm），钢筋介入梁边不少于80 mm。板面钢筋可放在梁上部钢筋的外面，即与箍筋在同一水平面。

⑥钢筋四周两行钢筋的交叉点应每点扎牢，中间部分的交叉点可间隔交错扎牢，必须保证受力钢筋不移位。

⑦施工双层钢筋网时，在下层钢筋上面应设置钢筋撑。钢筋撑间隔不大于1 m×1 m，支撑钢筋的直径为12 mm，钢筋撑放在长边钢筋上面。

⑧钢筋网中，短钢筋放在长边钢筋上面。

（5）楼梯钢筋绑扎。楼梯钢筋绑扎的工艺流程为：画位置线→绑扎主筋→绑扎分布筋→绑扎踏步筋。

①在楼梯底板上画主筋和分布筋的位置线。

②根据设计图纸中主筋、分布筋的方向，先绑扎主筋后绑扎分布筋，每个交点均应绑扎。楼梯梁钢筋绑扎后，再绑扎楼梯板筋，板筋要锚固到梁内。

③底板筋绑扎完，待踏步模板吊装支好后，再绑扎踏步钢筋。主筋接头数量和位置均要符合施工规范规定。

较为复杂的柱、梁节点，由技术人员按图纸要求和有关规范进行钢筋摆放放样，并对操作工人进行详细交底。

钢筋安装完毕后，必须由各方有关人员检查验收合格并办理隐蔽工程验收手续后，方可浇筑混凝土。

2）模板工程

（1）准备工作。为便于施工和保证质量，各层模板安装均须按图放线和加工，安装时必须严格按施工规范进行操作。模板安装前应做好如下工作：

①在混凝土板面上定出柱、墙的500 mm控制线，作为竖向构件的定位依据。

②在柱、墙模板面上用鲜明记号标出结构1 m线位置，作为梁、板支模高度的依据，梁的位置根据轴线定出。模板拆除后，在柱、墙混凝土表面弹出地面结构1 m线。

③为了固定竖向构件根部，需在下层板面施工时预埋顶撑锚固用钢筋头、钢筋环。

（2）柱模板安装。柱模板安装工艺流程为：弹柱位置线→钉脚板或抹找平层作定位墩→安装柱模板→安装柱箍→安装拉杆或斜撑→办预检。

①钉脚板在柱模板外围，以保证柱模板不会移动或按标高抹好水泥砂浆找平层，在柱四边离地5~8 cm处的主筋上焊接支杆，从四面顶住模板，以防止位移。

101

②安装柱模板:柱模采用截面可调钢模,其截面尺寸可以从 650 mm×650 mm 调节到 900 mm×900 mm,钢面板厚 6 mm。先安装两端柱,校正、固定,拉通线校正中间各柱。模板按柱子大小预拼,就位后先用铁丝与主筋绑扎临时固定,然后用 U 形卡将两侧模板连接卡紧,安装完两面再安装另外两面模板。

③安装柱箍:柱箍用角钢制成,根据模板设计确定柱箍尺寸间距。

④安装柱模的拉杆或斜撑:柱模每边设 2 根拉杆,固定于事先预埋在楼板内的钢筋环上,用经纬仪控制,用花篮螺栓调节校正模板垂直度。拉杆与地面夹角宜为 45°,预埋的钢筋环与柱距离宜为 3/4 柱高。

⑤将柱模内清理干净,封闭清理口,办理柱模预检。

(3)安装梁、板模板。梁底及侧模板采用组合钢模板,梁与梁、梁与柱交接处配以阴角钢筋连接。板使用 18 mm 厚夹板,压帮铺设。梁钢管支撑间距小于 900 mm(跨中 1/3 部分间距 600 mm),枋间距≤600 mm。对于层高 3.5 m 以上的截面较大梁和板,采用多功能门式脚手架支撑,枋间距为 500 mm。梁跨度较大时,支梁底模时起拱高度为梁跨度的 1‰。

(4)安装楼梯模板。楼梯竖墙采用定制钢模,板面为 6 mm 厚钢板,竖向次龙骨为 φ 48× 2.5 mm 钢管,横向主龙骨为 10#槽钢。楼梯板、预留洞口、施工缝处采用 18 mm 厚夹板模板(木背楞),根据楼梯尺寸现场加工。

(5)拆模。模板的拆除应在混凝土强度达到设计要求或规范规定的强度等级以后进行,见表 3.1。混凝土表面与环境温差不超过 15 ℃,以防止混凝土表面产生裂缝。

表 3.1　模板拆除时混凝土应达到的设计强度标准

结构类型	结构跨度/m	按设计的混凝土强度标准值的百分率计/%
板	≤2	50
	>2,≤8	75
	>8	100
梁、拱、壳	≤8	75
	>8	100
悬臂构件	≤2	75
	>2	100
墙、柱		1.2 MPa

模板拆除后,设专人对模板进行清理,铲除黏滞的混凝土残渣,刷好隔离剂,按规格堆放整齐。对夹板模板更要轻拆慢放,以增加周转次数,降低成本。

3)混凝土工程

本工程采用自拌混凝土,混凝土浇筑操作按照国家标准《混凝土结构工程施工质量验收规范》(GB 50204—2015)的有关内容执行。

混凝土施工工艺流程为:浇筑混凝土→混凝土找平及养护→拆模。

(1)浇筑混凝土。浇筑前对模板浇水湿润,墙、柱模板的清理口应在清除杂物及积水后再封闭。混凝土自吊斗口下落的自由倾落高度不得超过 2 m,超过 2 m 时必须采取加串筒措施。浇筑混凝土时应分段分层进行,每层浇筑高度应根据结构特点、钢筋疏密决定。严格控制混凝土的振捣时间,不得振动钢筋及模板,以保证混凝土质量。

浇筑混凝土应连续进行,尽量避免留施工缝,但如果相互搭接覆盖时间超过 2 h,则视为施工缝。在施工缝处继续浇筑混凝土时,已浇混凝土的强度(抗压)不应小于 1.2 MPa;在已硬化的混凝土表面上,应清除水泥薄膜和松动的石子以及软弱混凝土层,并充分湿润和冲洗干净,且不得积水;在浇筑混凝土前,宜先在施工缝处铺一层水泥浆或与混凝土成分相同的水泥砂浆。混凝土应细致捣实,保证新旧混凝土紧密结合。

①浇筑柱混凝土时,应注意以下问题:

a. 柱混凝土在楼面模板安装后,钢筋绑扎前进行。一次连续浇筑高度不宜超过 0.5 m,待混凝土沉积、收缩完成后再进行第二次混凝土浇筑,但应在上一层混凝土初凝之前,将下一层混凝土浇筑完毕。

b. 柱混凝土浇至梁底,浇筑时要控制混凝土自落高度和浇筑厚度,防止离析、漏振。

c. 使用插入式振动器应快插慢拔,插点要均匀排列,逐点移动,按顺序进行,不得遗漏,做到均匀振实。加强柱四角和根部混凝土振捣,防止漏振造成根部结合不良,接角残缺现象出现。

②浇筑楼板、楼梯混凝土时,应注意以下问题:

a. 浇筑前在板的四周模板上弹出板厚度水平线,钉上标记。在板跨中每间隔 1.5 m 焊接水平标志筋,并在钢筋端头刷上红漆,作为衡量板厚和水平的标记。

b. 浇筑楼面混凝土采用 A 字凳搭设水平走桥,严禁施工人员碾压钢筋。浇筑楼梯混凝土时,不得将整车倒下,应用铲浇筑,均匀布料,并用灰匙清理整平。专门派瓦工将多余的混凝土铲出、抹平,同时在模板边"插浆",消除蜂窝。终凝前,严禁人员上下。

c. 浇筑混凝土时,应注意保持钢筋位置准确和控制混凝土保护层厚度,特别要注意负筋的位置,发现偏差设专人负责及时校正。按设计要求,梁柱接头采用高一等级的混凝土浇筑。因此,为保证柱混凝土的强度等级,在柱边出 300 mm 梁板位置按柱强度等级浇筑。浇筑时,可先浇筑柱头后浇筑梁板,但要严格控制在初凝前覆盖。

d. 楼板混凝土采用平板振捣器捣实,随打随抹平。当混凝土面收水后,再进行二次压光,以减少裂缝的产生。混凝土浇筑方向一般平行次梁方向推进。为保证混凝土的密实,梁浇筑采用振动棒振捣时,间距应控制在 500 mm 左右,插入时间控制在 10 s,以表面泛浆不再冒出气泡为宜。

(2)混凝土找平及养护。楼地面混凝土浇筑前,在柱筋等处弹出标高控制线,并在楼板面留设钢筋标点,间距为 3 m。用平板振动器振捣后,用 3 m 双人刮尺按控制标高刮平,并使用一台水准仪跟班复测整平。

混凝土找平工艺流程为:混凝土摊平→振动→按水平标高刨平→吸水→用 3 m 刮尺刮平→磨平机挫平→人工用木抹子挫平。

楼板混凝土浇筑完成后 12 h 以内对其进行覆盖和浇水养护,7 天内必须充分淋水保养,8 ~ 14 天内每天淋水不少于 2 次。

混凝土浇筑完毕后必须保证有 24 h 的候干期,不得装拆模板,不得运输钢材、模板等各种材料和机具,不得绑扎钢筋,不得从事一切可能影响楼板稳定的工作。

4. 主要技术组织措施

1)质量保证措施

(1)钢筋工程质量保证措施。

①施工现场的钢筋必须要有出厂证明书、试验报告单、标牌,由材料员和质检员按照规范标准分批抽检验收,合格后方能加工使用。

②钢筋的数量、品种、型号均应符合图纸要求,绑扎成形的钢筋骨架不得超出规范规定的允许偏差范围。

③钢筋的接头焊接必须按设计要求和规范标准进行焊接和搭接,钢筋焊接的质量应符合《钢筋焊接及验收规程》(JGJ 18—2012)的规定。

④楼板施工时,为了保证上、下层钢筋位置准确,在梁中部区域每 3 m 加设支撑和混凝土垫块,保证上层钢筋网踩踏不变形。

⑤独立柱钢筋固定方法:插筋前,在上、下层钢筋网上放置一定位箍筋并与承台筋点焊连接,插筋放置后再在底面标高以上 800 mm 处绑扎 3 道箍筋将柱插筋固定。

⑥混凝土浇筑时,对钢筋(尤其是柱插筋)进行跟踪测量,发现问题及时纠正。

(2)模板工程质量保证措施。

①模板要有足够的强度、刚度和稳定性,拼缝严密,模板最大拼缝宽度应控制在 1.5 mm以内。

②为了提高工效,保证质量,模板重复使用时应编号定位,清理干净模板上的砂浆,刷隔离剂,保证混凝土浇筑后不掉角、不脱皮、表面光洁。

③注意墙、柱、梁、板交接处的模板拼装,做到稳定、牢固、不漏浆。

④对固定在模板上的预埋件和预留孔洞不得遗漏,应安装牢固,位置准确,其偏差均应控制在允许值内。

⑤模板支模应按规定的作业程序进行,模板未固定前不得进行下一道工序。严禁在连接件和支撑件上攀登上下,严禁在上下同一垂直面上装、拆模板。高处作业,应配置登高用具或搭设支架。

(3)混凝土工程质量保证措施。

①选择优质砂子、石子、水泥和外加剂,使用时严格按照砂、石、水泥、外加剂配合比配料过秤,以保证混凝土的质量。

②混凝土配合比按设计要求进行试配。根据配合比确定的每盘各种材料用量,均要过秤。

③装料顺序:一般先装石子,再装水泥,最后装砂子。需加掺合料时,应与水泥一并加入。

④雨季应经常测定石子、砂子、粉煤灰的含水率,及时调整配合比,保证质量。浇筑混凝土

应尽量避免在雨天进行。

⑤混凝土浇筑若遇雨天时,应及时调整混凝土配合比,备足防雨棚布,并做好已浇筑混凝土保护。

⑥混凝土搅拌的最短时间根据施工规范要求确定。掺有外加剂时,搅拌时间应适当延长。粉煤灰混凝土的搅拌时间宜比基准混凝土延长 10～30 s。

⑦混凝土浇筑前,模板内部应清洗干净。严禁踩踏钢筋,踩踏变形的钢筋在浇筑前应及时复位。下落的混凝土不得发生离析现象,应做好混凝土表面层养护工作,由专人负责。

⑧对班组进行施工技术交底,浇捣实行挂牌制。谁浇捣的混凝土部位,就由谁负责混凝土的浇捣质量,要保证混凝土的质量达到内实外光。

(4)其他质量措施。

①对主要的分项工程(模板、钢筋、混凝土)实行质量预控。

②严格质量检查验收制度,各班组在自检、互检的基础上进行交接检查。上一道工序不合格决不允许进行下一道工序的施工。

③所有隐蔽工程都应按规定填写隐蔽工程记录,并在监理、施工单位共同签字认可之后,才能进行下一道工序的施工。

④每层放线均采用全站仪测量放线,不得借用下层轴线或用线锤往上引线,以防柱子位移,每层放线后坚持做好复检。

⑤钢筋要用枕木或木方、地垄等架高,防止沾泥、生锈。

⑥高温季节施工,应避开日照高温时间浇筑混凝土,必须连续施工时,要注意混凝土的入模温度。温度高时,搅拌前对材料要适当进行降温,用水冲洗碎石,必要时对模板、输送泵采取浇水、覆盖等措施,降低混凝土的温度。指派专人负责做好混凝土的养护工作,采用浇水、蓄水养护,使混凝土表面处于湿润状态,防止发生开裂现象。

2)安全技术措施

实行施工现场安全标准化是实现安全生产的根本措施,是强化安全管理和安全技术的有效途径。针对该工程的具体情况,制订相应的安全技术防范措施:

①所有施工人员进入施工现场必须佩戴安全帽。工人在临边高处作业时,必须系安全带。

②预留洞口边长在 50 cm 以下的洞口,用木盖板盖住洞口,并加以固定;边长为 50～150 cm 的洞口,必须设置以扣件扣接钢管而形成的网格,并在其上满铺脚手板;边长在 150 cm 以上的洞口,四周设防护栏杆,洞口下张设安全平网。

③楼梯处用钢管搭设临时扶手,楼层临边部位亦用钢管搭设防护栏杆,并用立网围护。

④在建筑物底层,人员来往频繁,而立体交叉作业对底层的安全防护工作要求更高。因此,在建筑底层的主要出入口搭设双层防护棚及安全通道。

⑤施工期间密切注意天气预报,台风来临前,做好相应防护及加固措施。对钢井架的附墙杆件进行检查、加固;对外脚手架的悬挑、斜拉钢丝绳及附墙点进行认真检查、加固。

⑥当上方施工可能坠物或钢井架把杆回转范围之内的通道,在其受影响的范围内,必须在顶部搭设能防止穿透的双层防护廊。

拓展与提高

编写单位工程施工组织设计概述

单位工程施工组织设计中的工程概况是对拟建工程的特点、地点特征、施工条件、施工特点、组织机构等所做的一个简要而又突出重点的文字介绍。对建筑结构不复杂及规模不大的拟建工程,其工程概况也可采用表格形式。

(一)工程特点

单位工程概况主要包括以下几个方面:

1. 工程建设概况

主要介绍:拟建工程的建设单位,工程性质、名称、用途、资金来源及投资额,开竣工日期,设计单位、监理单位、施工单位,施工图纸情况,施工合同,上级主管部门的有关文件或要求等。

2. 建筑设计概况

主要介绍:拟建工程的建筑面积,平面形状和平面组合情况,层数、层高、总高度、总宽度、总长度等尺寸,室内外装修构造及做法等,并附有拟建工程的平面、立面、剖面简图。

3. 结构设计概况

主要介绍:基础构造特点及埋置深度,设备基础的形式,桩基础的根数及深度,主体结构的类型,墙、柱、梁、板的材料及截面尺寸,预制构件的类型、质量及安装位置,楼梯构造及形式,新结构、新工艺等情况。

(二)工程施工特点

主要介绍:工程施工的重点所在。不同类型的建筑,不同条件下的工程施工,均有其不同的施工特点。例如,砖混结构的施工特点是砌砖和抹灰工程量大,水平和垂直运输量大等。

(三)建设地点特征

主要介绍:拟建工程的位置、地形,工程地质和水文地质条件,地下水位与水质,气温,冬雨期时间,主导风向与风力和地震烈度等特征。

(四)施工条件

主要介绍:水、电、道路及场地平整的"三通一平"情况,施工现场及周围环境情况,当地的运输条件,材料、预制构件的生产及供应情况,施工机械设备的落实情况,劳动力特别是主要施工项目的技术工种的落实情况,劳动组织形式及施工管理水平,现场临时设施的解决等。

(五)某框架结构工程概况实例

1. 工程建设概况

本工程为某学校工程,由某设计公司设计,位于市郊某学校内。工程总建筑面积为5 000.00 m^2,土建工程总投资为350.00万元,定于当年3月开工,工期为240天(日历天),施工图设计已完成,由该市某一级建筑施工企业承包施工。

2.建筑设计概况

本工程的建筑平面布局为由东向西的一狭长矩形，紧贴ⓒ轴有一栋4层的建筑与本建筑物的①~⑭轴的长方形区域形成留空天井，各层层高均为3.6 m，建筑最大宽度为18.99 m，最大高度包括屋面附属结构为25.2 m，最大长度为47.2 m，如图3.10所示。

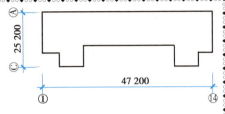

图3.10　建设平面示意图

(1)填充墙。地下部分墙体采用240 mm厚实心砖，砌块抗压强度≥5.0 MPa，M5水泥砂浆砌筑；地上部分全部采用240 mm厚灰砂砖，M5混合砂浆砌筑。

(2)外墙装饰。外墙采用1∶1∶6水泥石灰砂浆打底，5 mm厚水泥膏贴条形砖饰面。

(3)室内装修。楼面为1∶2水泥砂浆批面，水泥粉随抹随压光；内墙用乳胶腻子刮面，面批3 mm厚双飞粉；天花板扫白灰水两遍；踢脚做法有水泥踢脚和抛光砖、地砖踢脚。

3.结构设计特点

本工程为一栋6层框架结构建筑。根据工程图纸，负一层为半地下室，包括Ⓐ~ⓒ轴间的范围均为地下部分，ⓒ轴处为挡土墙兼作地下室边壁板。桩基采用人工挖孔桩，桩径有1 200 mm、2 100 mm、2 800 mm等几种，共36根；实际桩长视挖土深度而定，持力层为中风化岩，桩端进入持力层≥500 mm。单桩单承台，承台标高为-4.0 m，结构采用的混凝土强度等级见表3.2。

表3.2　混凝土强度等级表

序　号	部　　位	强度等级
1	桩	C30
2	基础垫层	C15
3	地下室底板、承台、外墙	C45(抗渗等级，地下一层P6)
4	半地下室	C45(梁、板C40)
5	地上各层板、墙、柱	C40(梁、板C35)

4.施工条件及特点

1)施工现场自然条件

该市地处亚热带，属海洋性季风气候，全年大部分时间光照充足，雨量充足，每年5—9月为雨季，降雨量大、雨季长，夏、秋季强热带风暴频繁。根据这一地区的特征，在工程施工过程中，做好雷雨季节及炎热季节施工措施对保证工程进度有重大意义。要做好与气象台的联系工作，提前采取措施。

本工程现场地形开阔，无障碍物，地下水位埋深为1.2~7.0 m，局部孔位有淤泥质土，最厚处达5 m，易遇水形成淤泥、流沙，造成塌孔或成孔困难；中风化灰岩，岩石较硬，抗压强度达50 MPa，钻进较难，用风镐难掘进；地下水水质对基础工程无侵蚀作用；抗震设防烈度为 7 度。

2）施工条件及施工要求

本工程新旧建筑物之间需设沉降缝一道。采用人工挖孔桩，施工机具设备均为工地常规机具，施工操作简单，占场地小，且无振动、无噪声、无环境污染，对周围建筑无影响；可多桩同时进行，施工速度快；但桩成孔劳动强度大，单桩施工速度较慢，土方施工安全性较差，须做好排水降水工作。同时，工地在校园内，为了不妨碍学校的正常上课，做到施工不扰民，必须选择性能优越、噪声小、废气排放量小的机械设备进驻工地施工。由于局部孔位有淤泥质土，而且最厚处达 5 m，遇水则形成淤泥、流沙，造成塌孔或成孔困难，施工时应做好流沙层处理和防塌孔处理方案。工程施工期间为雨季，夏季温度较高，应做好防风、防雨、防暑工作。

本工程施工场地在校园内，已完成"三通一平"，可通过大型施工车辆，施工现场边缘提供水、电接驳点，供水管径为 50 mm，用电负荷可供 150 kW，已具备施工条件。施工期间不得妨碍学校的正常上课，确保学校师生员工安全，文明施工。

 思考与练习

（一）单项选择题

1. 内业准备工作不包括的是（　　）。
    A. 熟悉图纸　　　　　B. 管线迁移　　　　　C. 编制施工预算　　　　D. 安全教育

2. 下列选项中，选择施工方案不包括（　　）。
    A. 编制开工报告　　　　　　　　　　B. 确定施工程序和施工流向
    C. 确定施工顺序　　　　　　　　　　D. 合理选择施工方法和施工机械

3. 施工程序是指单位工程中各（　　）或施工阶段的先后次序及其制约关系。
    A. 分部工程　　　　B. 建设项目　　　　C. 分项工程　　　　D. 工程项目

4. 施工流向是指单位工程在（　　）上或空间上开始施工的部位及其流动的方向。
    A. 单向　　　　　B. 双向　　　　　C. 平面　　　　　D. 竖向

5. 施工顺序是指各（　　）或工序之间施工的先后顺序。
    A. 建设项目　　　　B. 单位工程　　　　C. 分部工程　　　　D. 分项工程

6. 施工机械首先应选择（　　）工程的施工机械。
    A. 大型　　　　　B. 主导　　　　　C. 小型　　　　　D. 辅助

（二）多项选择题

1. 施工现场"三通一平"中的"三通"是指（　　）。
    A. 水　　　　　　B. 电　　　　　　C. 道路　　　　　D. 闭路

2. 单位工程施工必须遵守除"先地下后地上"的原则外，还有（　　）。
    A. 先主体结构后地下室　　　　　　　B. 先土建后设备
    C. 先主体后围护　　　　　　　　　　D. 先结构后装饰

3. 多层砖混结构施工时,一般可划分为基础、( )等施工阶段。

 A. 主体   B. 填充墙   C. 屋面装修   D. 房屋设备安装

4. 单层装配式厂房的施工,一般可分为基础、预制、吊装、( )等施工阶段。

 A. 围护及屋面   B. 设备安装   C. 装修   D. 验收

5. 技术组织措施是为保证工程质量、( )。

 A. 安全   B. 成本   C. 项目管理   D. 文明施工

(三)判断题

1. 施工方案是单位工程施工组织设计的核心部分。 ( )

2. 单位工程的施工准备分内部和外部两个部分。 ( )

3. 安排土建施工与设备安装的施工程序一般可分为封闭式施工、敞开式施工、设备安装与土建施工同时施工。 ( )

4. 多层现浇钢筋混凝土框架结构施工,一般可划分为基础工程、主体结构工程、围护结构工程、装饰及设备安装工程4个施工阶段。 ( )

5. 工程质量的关键是从全面质量管理的角度,建立质量保证体系,采取切实可行的有效措施,从材料采购、订货、运输、堆放、施工、验收等各方面去保证质量。 ( )

(四)问答题

1. 单位工程施工程序有哪些要求?

2. 确定施工流向时应考虑哪些因素?

3. 确定施工顺序时必须遵循哪些基本原则?

任务三 编制单位工程施工进度计划

任务描述与分析

　　单位工程施工进度计划是在确定了总体安排和施工方案的基础上,根据要求工期和各种资源供应条件,遵循工程的施工顺序及组织施工的原则,用图表的形式,确定一个工程从开始施工到全部竣工的各施工工序在时间上的安排和相互搭接关系。本任务的具体要求是运用单位工程施工进度计划的编制方法和步骤,能用横道图编制单位工程施工进度计划,进而养成认真分析问题的工作习惯和逻辑分析严谨的思维习惯。

知识与技能

　　单位工程施工进度计划是在确定施工方案的基础上,根据要求工期和各种资源供应条件,遵循工程的施工顺序及组织施工的原则,用图表的形式表达各施工项目(各分部分项工程间)的搭接关系及工程开、竣工时间的一种计划安排。

（一）单位工程施工进度计划的作用及分类

单位工程施工
进度

1.单位工程施工进度计划的作用

单位工程施工进度计划是施工组织设计的重要内容,是控制各分部分项工程施工进度的主要依据,也是编制季度、月度施工作业计划及各项资源需用量计划的依据。其主要作用有以下几个方面:

（1）确定各分部分项工程的施工时间及其相互之间的衔接、配合关系;

（2）安排施工进度和施工任务如期完成;

（3）确定所需的劳动力、机械、材料等资源数量;

（4）具体指导现场的施工安排。

2.单位工程施工进度计划的分类

根据施工项目划分的粗细程度,单位工程施工进度计划可分为控制性施工计划和指导性施工进度计划两类。

控制性施工进度计划按分部工程来划分施工项目,控制各分部工程的施工时间及其相互搭接配合关系。它主要适用于工程结构较复杂、规模较大、工期较长且需跨年度施工的工程,如体育场、火车站等公共建筑以及大型工业厂房等;还适用于工程规模不大或结构不复杂但各种资源（劳动力、机械、材料等）不落实的情况,以及由于建筑结构等可能变化的情况。

指导性施工进度计划按分项工程或施工过程来划分施工项目,具体确定各分项工程或施工过程的施工时间及其相互搭接配合关系。它适用于施工任务具体而明确、施工条件基本落实、各项资源供应正常、施工工期不太长的工程。

编制控制性施工进度计划的单位工程,当各分部工程的施工条件基本落实后,在施工之前还应编制指导性的分部工程施工进度计划。

（二）单位工程施工进度计划的编制依据和程序

1.单位工程施工进度计划的编制依据

单位工程施工进度计划的编制,主要依据以下资料:

（1）有关设计图纸,如建筑结构施工图、工艺设备布置图及设备基础图;

（2）施工组织总设计对本单位工程的要求及施工总进度计划;

（3）要求的开竣工时间;

（4）施工方案与施工方法;

（5）施工条件,如劳动力、机械、材料、构件等供应情况;

（6）定额资料,如劳动定额、机械台班定额、施工定额等;

（7）施工合同。

2.单位工程施工进度计划的编制程序

单位工程施工进度计划的编制程序,如图3.11所示。

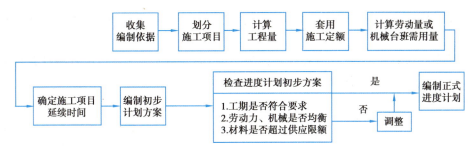

图 3.11 施工进度计划的编制程序

(三)单位工程施工进度计划的编制方法与步骤

根据单位工程施工进度计划的编制程序,其主要步骤和方法如下:

1. 施工项目的划分

施工项目包括一定工作内容的施工过程,是进度计划的基本组成单元。施工项目划分的一般要求和方法如下:

1)明确施工项目划分的内容

应根据施工图纸、施工方案与施工方法,确定拟建工程可划分成哪些分部分项工程,明确其划分的范围和内容。例如,单层厂房的设备基础是否包括在厂房基础的施工项目之内;又如,室内回填土是否包括在基础回填土的施工项目之内。

2)掌握施工项目划分的粗细程度

一般对控制性施工进度计划,其施工项目可以粗一些,如划分为施工前准备、打桩工程、基础工程、主体结构工程等;对指导性施工进度计划,其施工项目的划分可细一些,特别是其中的主导施工过程均应详细列出,以便掌握施工进度,起到指导施工的作用。

3)某些施工项目应单独列项

凡工程量大、用工多、工期长、施工复杂的项目,均应单独列项,如结构吊装等。影响下一道工序施工的项目(如回填土)和穿插配合施工的项目(如框架的支模、扎筋等),也应单独列项。

4)将施工项目适当合并

为使计划简明清晰、突出重点,一些次要的施工过程应合并到主要施工过程中去,如基础防潮层可合并在基础墙砌筑内;有些虽然重要但工程量不大的施工过程也可与相邻施工过程合并,如基础挖土可与垫层合并为一项,组织混合班组施工;同一期间有同一工种施工的可合并在一起,如各种油漆施工,包括钢木门窗、铁栏杆等油漆均可并为一项;有些关系比较密切,不易分出先后的施工过程也可合并,如玻璃和油漆,散水、勒脚和明沟等均可分别合并为一项。

对次要的、零星的施工过程,可合并为"其他工程"一项,在计算劳动量时给予适当的考虑即可。

5)现浇钢筋混凝土工程的列项

根据施工组织和结构特点,一般可划分为支模板、绑扎钢筋、浇筑混凝土等施工过程。现浇框架结构工程的划分可细一些,如分为绑扎柱钢筋、安装柱模板、浇筑柱混凝土、安装梁板模板、绑扎梁板钢筋、浇筑梁板混凝土、养护、拆模等施工项目。但在砖混结构工程中,现浇工程量不大的钢筋混凝土工程一般不再细分,可合并为一项,由施工班组的各工种互相配合施工。

6)抹灰工程的列项

外墙抹灰一般只列一项,如有瓷砖贴面等装饰,可分别列项。室内的各种抹灰应分别列项,如地面抹灰、天棚及墙面抹灰、楼梯面及踏步抹灰等,以便组织施工和安排进度。

7)设备安装应单独列项

土建施工进度计划列出的水、暖、煤、电、卫、通信和生产设备安装等施工项目,只要表明其与土建施工的配合关系,一般不必细分,可由安装单位单独编制其施工进度计划。

8)项目划分应考虑施工方案

施工项目的划分,应考虑采用的施工方案。例如,厂房基础采用敞开式施工方案时,柱基础和设备基础可划分为一个施工项目;采用封闭式施工方案时,则必须分别列出柱基础、设备基础这两个施工项目。又如,结构吊装工程,采用分件吊装法时,应列出柱吊装、梁吊装、屋架扶直就位、屋盖吊装等施工项目;采用综合吊装法时,则只要列出结构吊装一项即可。

9)项目划分应考虑流水施工安排

在组织楼层结构流水施工时,相应施工项目数目应不大于每层的施工段数目。例如,砖混结构每层划分为两个施工段时,施工项目可分为砌砖墙(包括脚手架、门窗过梁、楼梯安装等)与现浇、吊装钢筋混凝土梁板(包括现浇圈梁、雨篷和安装大梁、楼板等)两项;若划分为 3 个施工段,则可将现浇圈梁、雨篷和吊装大梁、楼板划分开,即砌砖墙、现浇圈梁和雨篷、吊装大梁和楼板 3 项。

10)区分直接施工与间接施工

直接在拟建工程的工作面上施工的项目,经过适当合并后均应列出。不在现场施工而在拟建工程工作面之外完成的项目,如各种构件在场外预制及其运输过程,一般可不必列项,只要在使用前运入施工现场即可。

施工项目划分和确定之后,应大体按施工顺序排列,依次填入施工进度计划表的"施工项目"一栏内。

2.划分施工段

划分施工段详见模块二。

3.计算工程量

工程量应根据施工图纸、有关计算规则及相应的施工方法进行计算。

4.套用施工定额

根据所划分的施工项目、工程量和施工方法,可套用施工定额(当地实际采用的劳动定额及机械台班定额),以确定劳动量和机械台班量。

施工定额一般有两种形式,即时间定额和产量定额。时间定额是指某种专业、某种技术等级的工人小组或个人在合理的技术组织条件下,完成单位合格产品所必需的工作时间,一般用符号 H_i 表示,其单位有工日/m³、工日/m²、工日/m、工日/t 等。产量定额是指在合理的技术组织条件下,某种专业、某种技术等级工人小组或个人在单位时间内所应完成的合格产品数量,一般用符号 S_i 表示,其单位有 m³/工日、m²/工日、m/工日、t/工日等。时间定额和产量定额是互为倒数的关系,即

$$H_i = \frac{1}{S_i} \text{ 或 } S_i = \frac{1}{H_i} \tag{3.1}$$

5. 劳动量和机械台班量的确定

1）劳动量的确定

凡是以手工操作为主完成的施工项目，其劳动量可按下式计算：

$$P_i = \frac{Q_i}{S_i} = Q_i \cdot H_i \tag{3.2}$$

式中　P_i——某施工项目所需劳动量，工日；

　　　Q_i——该施工项目的工程量，m^3、m^3、m、t 等；

　　　S_i——该施工项目采用的产量定额，m^3/工日、m^2/工日、m/工日、t/工日等；

　　　H_i——该施工项目采用的时间定额，工日/m^3、工日/m^2、工日/m 等。

【例3.1】　某工程一砖外墙砌筑（塔吊配合），其工程量为 $855\ m^3$，经研究确定平均时间定额为 0.83 工日/m^3。试计算完成砌墙任务所需劳动量。

【解】　$P = Q \cdot H = 855\ m^3 \times 0.83$ 工日/$m^3 = 709.65$ 工日，取 710 个工日。

施工项目由两个或两个以上的施工过程或内容合并组成时，其总劳动量可按下式计算：

$$P_{总} = \sum P_i = P_1 + P_2 + \cdots + P_n \tag{3.3}$$

【例3.2】　某厂房杯形基础施工，其支模板、绑扎钢筋、浇筑混凝土 3 个施工过程的工程量分别为 $719.6\ m^2$、$6.284\ t$、$287.3\ m^3$，经研究确定其时间定额分别为 0.253 工日/m^2、5.28 工日/t、0.833 工日/m^3。试计算完成杯形基础所需总劳动量。

【解】　$P_{模板} = 719.6\ m^2 \times 0.253$ 工日/$m^2 \approx 182$ 工日

$P_{筋} = 6.284\ t \times 5.28$ 工日/$t \approx 33$ 工日

$P_{混凝土} = 287.3\ m^3 \times 0.833$ 工日/$m^3 \approx 239$ 工日

$P_{杯基} = P_{模} + P_{筋} + P_{混凝土} = 182$ 工日 $+ 33$ 工日 $+ 239$ 工日 $= 454$ 工日

2）机械台班量的确定

凡是以施工机械为主完成的施工项目，应按下式计算其机械台班量：

$$D_i = \frac{Q_i'}{S_i'} = Q' \cdot H_i' \tag{3.4}$$

式中　D_i——某施工项目所需机械台班量，台班；

　　　Q_i'——机械完成的工程量，m^3、t、件等；

　　　S_i'——该机械的产量定额，m^3/台班、t/台班、件/台班等；

　　　H_i'——该机械的时间定额，台班/m^3、台班/t、台班/件等。

【例3.3】　某宿舍工程采用井架摇头把杆吊运楼板，每个施工段安装楼板 165 块，机械的产量定额为 85 块/台班。试求吊完一个施工段楼板所需的台班量。

【解】

$$D_{井架} = \frac{Q_i'}{S_i'} = \frac{165}{85} = 1.94 \text{ 台班}$$

取整数，用 2 个台班即可吊完。

对"其他工程"一项所需的劳动量，可根据其内容和数量，结合工地具体情况，以总劳动量的百分比计算确定,一般占总劳动量的10%～20%。

水、暖、煤、电、卫、通信等建筑设备及生产设备等安装工程项目,由专业安装队施工。所以,在编制施工进度计划时,不计算其劳动量或机械台班量,仅安排与一般土建单位工程配合的施工进度。

6. 施工项目工作持续时间计算

施工项目工作持续时间的计算方法一般有经验估计法、定额计算法和倒排计算法。

1)经验估计法

这种方法是根据过去的经验进行估计的,一般适用于采用新工艺、新材料等无定额可循的工程。为了提高其准确程度,可采用"三时估计法"。即该施工项目的最乐观时间为 A、最悲观时间为 B 和最可能时间为 C,可按下式确定该施工项目的工作持续时间:

$$T = \frac{A + 4C + B}{6} \tag{3.5}$$

2)定额计算法

这种方法是根据施工项目需要的劳动量或机械台班量,以及配备的劳动人数或机械台数,来确定其工作持续时间。

当施工项目所需劳动量或机械台班量确定后,可按下式计算确定其完成施工任务的持续时间:

$$T_i = \frac{P_i}{R_i \cdot b_i} \tag{3.6}$$

$$T'_i = \frac{D_i}{G_i \cdot b_i} \tag{3.7}$$

式中　T_i——以某手工操作为主的施工项目持续时间,天;

　　　T'_i——以机械施工为主的施工项目持续时间,天。

其他计算同模块三。在组织分段流水施工时,也可用式(3.7)确定每个施工段的流水节拍数。在应用上述公式时,必须先确定 R_i、G_i 及 b_i 的数值。

3)倒排计算法

这种方法是根据流水施工方式及总工期要求,先确定施工时间和工作班制,再确定施工班组人数或机械台数。其计算方法及步骤如下:

(1)根据合同工期或定额工期要求,确定各分部工程工期 T_L(流水组工期);

(2)计算主导施工过程的流水节拍,根据 $R_i = \frac{P_i}{t_i b_i}$ 或 $G_i = \frac{D_i}{t_i b_i}$ 确定班组人数或机械台数;

(3)确定其他施工过程的流水节拍 $t_i(t_i \leq t)$、班组人数或机械台数。

如果计算需要的施工人数或机械台数超过了本单位现有的数量,除要求上级单位调度、支援外,应从技术、组织上采取措施,如组织平行立体交叉流水施工、某些项目采用多班制施工、提高混凝土早期强度等。

如果计算得出的施工人数或机械台数对于施工项目来说是过多或过少了,应根据施工现场条件、施工工作面大小、最小劳动组合、可能的施工人数和机械等因素合理确定。如果工期太紧,施工时间不能延长,则可考虑组织多班组、多班制的施工。

7. 施工进度计划的检查和调整

施工进度计划可采用横道图或网络图形式。采用网络计划时,最好先绘制横道图,分清各过程在组织和工艺上的必然联系;然后再根据网络图的绘图原则、步骤、要求进行绘图。

在绘制一般双代号网络计划时,应特别注意各工作(以下将施工过程项目简称"工作")的逻辑联系。尤其是各节点有多个箭头和箭尾时,可能会将无逻辑联系的工作连接起来,此时必须用虚箭线断开或连接工作之间的联系。

施工进度计划初步方案编制后,应根据上级要求、合同规定、经济效益及施工条件等,先检查各施工项目之间的施工顺序是否合理、工期是否满足要求、劳动力等资源需用量是否均衡;然后进行调整,直至满足要求;最后编制正式施工进度计划。

1)施工顺序的检查和调整

施工进度计划安排的施工顺序应符合建筑施工的客观规律。应从技术上、工艺上、组织上检查各个施工项目的安排是否正确合理,如屋面工程中的第一个施工项目应在主体结构屋面板安装与灌缝完成之后开始。

应从质量上、安全上检查平行搭接施工是否合理,技术组织间歇时间是否满足要求。例如,主体砌墙一般应从第一个施工段填土完成后开始,混凝土浇筑以后的拆模时间是否满足技术要求。总之,所有不当或错误之处,应予修改或调整。

2)施工工期的检查和调整

施工进度计划安排的计划工期,首先应满足上级规定的工期或施工合同要求的工期;其次应具有较好的经济效益,即安排工期要合理,但并不是越短越好。一般评价指标有两种:提前工期,即计划安排的工期比上级要求或合同规定的工期提前的天数;节约工期,即与定额工期相比,计划工期少用的天数。

当工期不符合要求,即没有提前工期或节约工期时,应进行必要的调整。检查时,主要看各施工项目的持续时间、起止时间是否合理,特别应注意对工期起控制作用的施工项目,即首先要缩短控制性施工项目的时间,并注意施工人数、机械台数的重新确定。

3)资源消耗均衡性的检查与调整

施工进度计划的劳动力、材料、机械等供应与使用,应避免过分集中,尽量做到均衡。这里主要讨论劳动力消耗的均衡问题。

劳动力消耗均衡与否,可通过劳动力消耗动态图来反映,其竖向坐标表示人数,横向坐标表示施工进度天数,如图3.12所示。

图3.12(a)中出现短时期的高峰,即短时期施工人数骤增,相应需增加为工人服务的各项临时设施,说明劳动力消耗不均衡。图3.12(b)中出现长时期的低陷,如果工人不调出,将发生窝工现象;如果工人调出,则临时设施不能充分利用,这也说明不均衡。图3.12(c)中出现短时期的,甚至是很大的低陷,则是允许的,只要把少数工人的工作重新安排,窝工现象就能避免。

劳动力消耗的均衡性可用不均衡系数来表示,用下式计算:

$$K = \frac{R_{max}}{R_m} \tag{3.8}$$

式中　K——劳动力不均衡系数；

　　　　R_{max}——高峰人数；

　　　　R_m——平均人数，即施工总工日数除以总工期所得人数。

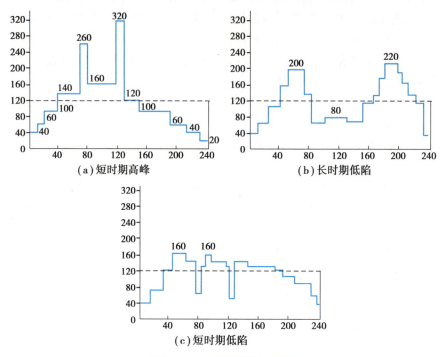

图 3.12　劳动力消耗动态图

K 一般应接近于 1，超过 2 则不正常。如果出现劳动力不均衡的情况，可通过调整次要施工项目的施工人数、施工时间和起止时间以及重新安排搭接等方法来实现均衡。

在执行过程中，应随时掌握施工动态，并经常检查和调整施工进度计划。

（四）多层现浇框架结构工程施工进度计划的编制

1. 基础工程施工进度计划

1）施工项目的划分

由于桩基础已经完成，基础施工阶段的主要施工过程包括挖土方、截桩头、基础混凝土垫层、混凝土桩承台、混凝土基础梁、回填土、负一层（半地下室）混凝土底板等。根据工程特点及工程量大小，将挖土方、截桩头、混凝土垫层合并为一个项目；混凝土桩承台及混凝土基础梁合并为一个施工项目；负一层结构施工方案与主体结构相同，与主体结构合并施工。这样基础部分的施工项目共有 6 个，即挖土及垫层→承台及基础梁模板→承台及基础梁钢筋→承台及基础梁混凝土→回填土→地下室底板混凝土。

2）计算工程量，确定劳动量

根据施工图纸及施工方案计算各施工项目的工程量，套用施工定额确定劳动量，见表 3.3。

表 3.3　某工程基础与主体劳动量表

序　号	分项工程名称	劳动量/工日	序　号	分项工程名称	劳动量/工日
一	基础工程		8	回填土	126
1	桩基础	1 514	9	地下室底板混凝土	61
2	挖土方		二	负一层及主体结构工程	
3	截桩头	245	10	柱筋	237
4	承台、基础混凝土垫层		11	柱、梁、板模板(含楼梯)	3 540
5	承台、基础梁模板	59	12	柱混凝土	352
6	承台、基础梁钢筋	86	13	梁、板筋(含楼梯)	1 597
7	承台、基础梁混凝土	96	14	梁、板混凝土(含楼梯)	1 476

3)确定各施工过程的流水节拍

根据施工特点,挖土不分段,其他施工项目划分 2 段组织不等节拍流水施工,其施工持续时间及流水节拍计算如下:

(1)挖土及垫层。劳动量为 245 个工日,施工班组人数为 30 人,采用一班制施工,其流水节拍为:

$$t_{挖} = \frac{245}{30 \times 1 \times 1} 天 \approx 8 \ 天$$

(2)承台、基础梁模板。劳动量为 59 个工日,一班制施工,施工班组人数为 15 人,流水节拍为:

$$t_{模板} = \frac{59}{15 \times 2 \times 1} 天 \approx 2 \ 天$$

(3)承台、基础梁绑扎钢筋。劳动量为 86 个工日,一班制施工,施工班组人数为 14 人,流水节拍为:

$$t_{筋} = \frac{86}{14 \times 2 \times 1} 天 \approx 3 \ 天$$

(4)承台、基础梁混凝土浇筑。劳动量为 96 个工日,一班制施工,施工班组人数为 16 人,流水节拍为:

$$t_{承台} = \frac{96}{16 \times 2 \times 1} 天 \approx 3 \ 天$$

(5)回填土。劳动量为 126 工日,一班制施工,施工班组人数为 30 人,流水节拍为:

$$t_{回填} = \frac{126}{30 \times 2 \times 1} 天 \approx 2 \ 天$$

(6)底板混凝土。劳动量为 61 个工日,一班制施工,施工班组人数为 16 人,流水节拍为:

$$t_{底板} = \frac{61}{16 \times 2 \times 1} 天 \approx 2 \ 天$$

4）绘制施工进度计划

基础工程施工进度计划绘制结果如图 3.13 所示。

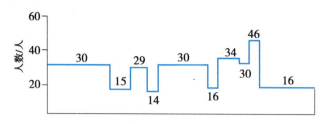

图 3.13　基础工程施工进度计划

2.负一层及主体工程施工进度计划

1）施工项目的划分

主体工程包括立柱子钢筋,安装柱、梁、板模板,浇捣柱子混凝土,绑扎梁、板、楼梯钢筋,浇捣梁、板、楼梯混凝土,搭脚手架,拆模板等施工过程。柱、梁、板模板安装是主导施工过程,搭脚手架、拆模板属平行穿插施工过程,根据施工工艺要求,尽量搭接施工即可,不纳入流水施工。因此,组成主体工程流水施工的施工过程 $n=5$。

2）流水节拍的计算

主体工程划分为两个施工段($m_0=2$),由于有层间关系,且 $m_0<n$,要保证主导施工过程连续作业。为此,其他次要施工过程流水节拍值不得大于主导施工过程的流水节拍,即满足公式：$m_0 t_{max} \geqslant \sum t_1 + \sum t_2$。组织间断流水施工,即主导施工过程柱、梁、板模板安装为连续流水,其他施工过程为间断流水。具体组织安排如下：

序　号	分项工程名称	劳动量/工日	班组人数/人	持续人数/人	工作进度				
					5	10	15	20	25
	基础工程								
1	挖土及垫层	232	30	8					
2	承台、基础梁钢筋	137	15	4					
3	承台、基础梁模板	86	14	6					
4	承台、基础梁混凝土	39	16	6					
5	回填土	79	30	6					
6	地下室混凝土底板	258	16	4					

（1）确定主导施工过程的流水节拍。主导施工过程柱、梁、板模板的劳动量为 3 540 个工日,施工班组人数为 42 人,一班制施工,则流水节拍为：

$$t_{模}=\frac{3\ 540}{42\times14}天\approx6\ 天$$

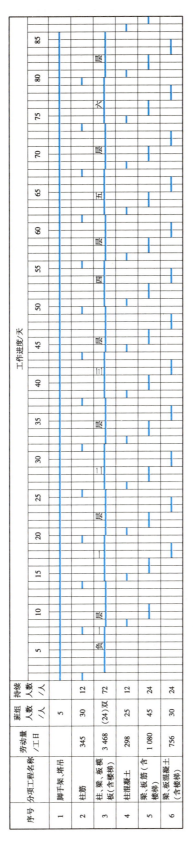

图 3.14 负一层及主体工程施工进度计划

（2）绑扎柱筋：柱子钢筋劳动量为 237 个工日，施工班组人数为 18 人，一班制施工，则其流水节拍为：

$$t_{柱筋} = \frac{237}{18 \times 14}天 \approx 1 \ 天$$

（3）浇筑柱混凝土：其劳动量为 352 个工日，施工班组人数为 25 人，一班制施工，其流水节拍为：

$$t_{柱混凝土} = \frac{352}{25 \times 14}天 \approx 1 \ 天$$

（4）绑扎梁、板钢筋：梁、板钢筋劳动量为 1 597 个工日，施工班组人数为 30 人，两班制施工，其流水节拍为：

$$t_{梁、板筋} = \frac{1 \ 597}{30 \times 14 \times 2}天 \approx 2 \ 天$$

（5）浇筑梁、板混凝土：劳动量为 1 476 个工日，施工班组人数为 18 人，三班制施工，其流水节拍为：

$$t_{梁、板混凝土} = \frac{1 \ 476}{18 \times 14 \times 3}天 \approx 2 \ 天$$

3）绘制施工进度计划

负一层及主体工程施工进度计划绘制结果如图 3.14 所示。

思考与练习

（一）单项选择题

1. 单位工程施工进度计划编制的主要依据不包括（　　）。

    A. 工程投标书

    B. 施工方案与施工方法

    C. 要求的开竣工时间

    D. 施工条件，如劳动力、机械、材料、构件等供应情况

2. 单位工程施工进度计划的编制程序中，套用施工定额是在（　　）之后。

    A. 确定施工项目延续时间   B. 计算工程量

    C. 计算劳动量或机械台班需用量   D. 编制初步计划方案

3. 某建筑工程 12 墙内墙砌筑，其工程量为 706 m^3，时间定额为 0.85 工日/m^3，试计算完成砌砖所需的劳动量为（　　）工日。

    A. 543   B. 600   C. 831   D. 671

4. 根据施工项目划分的粗细程度，单位工程施工进度计划可分为控制性和（　　）施工进度计划两类。

    A. 实施性   B. 指导性   C. 总体性   D. 全面性

（二）多项选择题

1. 施工项目划分的一般要求和方法有明确施工项目划分的内容、掌握施工项目划分的粗

细程度、某些施工项目应单独列项、将施工项目适当合并、现浇钢筋混凝土工程的列项、设备安装应单独列项和(　　)。

  A. 抹灰工程的列项　　　　　　　　B. 区分直接施工与间接施工

  C. 项目划分应考虑施工方案　　　　D. 项目划分应考虑流水施工安排

2. 施工项目工作持续时间计算的方法主要有(　　)。

  A. 经验估计法　　　　　　　　　　B. 定额计算法

  C. 倒排计算法　　　　　　　　　　D. 横道图法

(三)判断题

1. 施工进度计划可采用横道图或网络图形式。其中,网络图可以反映施工各个过程在组织和工艺上的必然联系。(　　)

2. 计算工程量时,根据施工图纸、有关计算规则及相应的施工方法进行计算。(　　)

(四)问答题

1. 单位工程施工进度计划的作用有哪些?

2. 单位工程施工进度计划的编制依据是什么?

任务四　编制单位工程资源需求量计划

任务描述与分析

  在编制单位工程施工进度计划后,就可着手编制单位工程资源需求量计划。单位工程资源需求量计划是单位工程建设按计划供应材料、构件、调配劳动力和机械,以保证施工顺利进行。本任务的具体要求是运用编制单位工程资源需求计划的方法编制单位工程的劳动力、主要施工机械和主要材料需求计划表,进而培养勤奋的工作态度,养成制订工作计划的习惯。

知识与技能

  单位工程施工进度计划编制完成后,即可着手编制施工准备工作计划和各项资源需用量计划。这些计划也是施工组织设计的重要组成部分,是施工单位安排施工准备及资源供应的主要依据之一。

(一)施工准备工作计划

  单位工程施工前,应编制施工准备工作计划。施工准备工作计划主要反映开工前、施工中必须做的有关准备工作,内容一般包括技术准备、现场准备、资源准备及其他准备。该计划的表格形式见表3.4。

编制单位工程
资源需求量计划

表 3.4　施工准备工作计划表

序　号	施工准备工作项目	工程量		负责人	进　度													
					××月							××月						
		单位	数量		1	2	3	4	5	6	…	1	2	3	4	5	6	…

（二）各种资源需用量计划

根据施工进度计划编制的各种资源需用量计划,是做好各种资源的供应、调度、平衡、落实的依据,一般包括劳动力、施工机具、主要材料、预制构件等需用量计划。

1.劳动力需用量计划

该计划是根据施工预算、劳动定额和进度计划编制的,主要反映工程施工所需各种技工、普工人数,它是控制劳动力平衡、调配的主要依据。其编制方法是将施工进度计划表上每天施工的项目所需工人按工种分别统计,得出每天所需工种及其人数,再按时间进度要求汇总。劳动力需用量计划的表格形式见表3.5。

表 3.5　劳动力需用量计划

序　号	工种名称	需用总工日数	需用人数及时间															备注
			××月			××月			××月			××月			××月			
			上	中	下	上	中	下	上	中	下	上	中	下	上	中	下	

2.施工机具需用量计划

该计划是根据施工方案、施工方法及施工进度计划编制的,主要反映施工所需的各种机械和器具的名称、规格、型号、数量及使用时间,可作为落实机具来源、组织机具进场的依据,其计划表格形式见表3.6。

表 3.6　施工机具需用量计划

序　号	机具名称	规　格	单　位	需用数量	使用起止时间	备　注

3.预制构件需用量计划

该计划是根据施工图、施工方案、施工方法及施工进度计划要求编制的,主要反映施工中各种预制构件的需用量及供应日期,作为加工单位按所需规格数量和使用时间组织构件加工和进场的依据。一般按钢构件、木构件、钢筋混凝土构件等不同种类分别编制,提出构件名称、规格、数量及使用时间等,其计划表格形式见表3.7。

表3.7 预制构件需用量计划

序 号	构件、加工半成品名称	图号和型号	规格尺寸/mm	单 位	数 量	要求供应起止日期	备 注

4.主要材料需用量计划

该计划是根据施工预算、材料消耗定额和施工进度计划编制的,主要反映施工中各种主要材料的需用量,作为备料、供料和确定仓库、堆场面积及运输量的依据。编制时,应提出材料的名称、规格、数量、使用时间等要求,其计划表格形式见表3.8。

表3.8 主要材料需用量计划

序 号	材料名称	规 格	需用量		需用时间												备 注
					××月			××月			××月			××月			
			单位	数量	上	中	下	上	中	下	上	中	下	上	中	下	

5.运输计划

如果由施工单位组织运输材料和构件,则应编制运输计划。它以施工进度计划及上述各种资源需用量计划为编制依据,所反映的内容见表3.9。这种计划可作为组织运输力量、保证资源按时进场的依据。

表3.9 工程运输计划

序 号	需运项目	单 位	数 量	货 源	运距/km	运输量/(t·km)	所需运输工具			需用起止时间
							名称	吨位	台班	

（三）实例：某框架结构工程主要材料及机具需用量计划

1. 主要材料需要量表

主要材料需要量见表3.10。

表3.10　主要材料需要量表

序　号	材料名称	规　格	单　位	数　量	备　注
1	水泥	32.5级	t	230	—
2	水泥	42.5级	t	815	—
3	钢筋	—	t	145	—
4	中砂	—	m³	1 899.8	—
5	碎石	10、20、30	t	2 061	—
6	石　灰	—	t	36.3	—
7	方材板	杂木	m³	115	—
8	灰砂砖	240 mm×115 mm×53 mm	千块	251.5	—

2. 施工机械需用量表

主要施工机械需用量见表3.11。

表3.11　主要施工机械需用量表

序号	设备名称	规格型号	功率/kW		单位	数量	备　注
			每台	小计			
1	发电机	—	120	120	台	1	—
2	井架	2 m×3 m	—	—	座	1	—
3	砂浆搅拌机	200 L	2.5	10.5	台	3	基础、主体为1台，砌筑、装修时增加2台
4	木工圆锯机	—	3	9	台	3	—
5	交流电弧焊机	—	23 kV·A	46 kV·A	台	2	—
6	直流电弧焊机	—	14 kV·A	14 kV·A	台	1	—
7	插入式振动器	—	1.1 kW	8.8 kW	支	8，	—
8	平板式振动器	—	2.2 kW	2.2 kW	台	1	—
9	钢筋切断机	GJ-40	7	14	台	2	—
10	钢筋调直机	GJ4-14/4	9	18	台	2	—
11	钢筋弯曲机	GJ7-40	2.8	5.6	台	2	—
12	混凝土搅拌机	350 L	7.5	15	台	2	—

续表

序号	设备名称	规格型号	功率/kW		单位	数量	备　注
			每台	小计			
13	卷扬机	—	3.5	9	台	2	—
14	空气压缩机	9 m³	—	—	台	1	带发电机
15	潜水泵	—	1.8	21.6	台	12	—
16	风镐	—	—	—	支	10	—
合计				292.7			—

思考与练习

(一) 单项选择题

1. 下列哪一项不是主要材料需用量计划的作用？（　　　）

A. 确定材料消耗定额的依据　　　　B. 确定仓库、堆场面积的依据

C. 确定运输量的依据　　　　　　　D. 确定备料、供料的依据

2. （　　　）计划是作为备料、供料和确定仓库、堆场面积的依据。

A. 劳动力需求　　　　　　　　　　B. 施工机械需求

C. 主要材料需求　　　　　　　　　D. 预制构件需求

(二) 多项选择题

1. 下列属于资源需用量计划内容的是（　　　）。

A. 劳动力需用量计划　　　　　　　B. 施工机具需用量计划

C. 劳务人员培训计划　　　　　　　D. 主要材料需用量计划

2. 施工机具需用量计划的编制依据有（　　　）。

A. 施工方案　　　　　　　　　　　B. 工程投标书

C. 施工方法　　　　　　　　　　　D. 施工进度计划

(三) 判断题

1. 单位工程各项资源需用量计划编制完成后，即可着手编制施工进度计划。（　　　）

2. 在编制主要材料需用量计划时，一般不需要考虑材料的使用时间。（　　　）

3. 运输计划可作为组织运输力量、保证资源按时进场的依据。（　　　）

(四) 问答题

资源需用量计划具体由哪些部分组成？

任务五　绘制单位工程施工平面图

 任务描述与分析

　　施工平面图既是布置施工现场的依据,也是施工准备工作的一项重要依据。本任务的具体要求是:能按施工平面图设计步骤绘制符合设计原则的施工平面图,从而提高协调沟通能力。

 知识与技能

　　单位工程施工平面图是对拟建工程的施工现场所作的平面规划和布置,是施工组织设计的重要内容,也是现场文明施工的基本保证。它是根据拟建工程的规模、施工方案及施工生产中的需要,结合现场的具体情况和条件,对施工现场所作的规划、部署和具体安排。不同的工程性质和不同的施工阶段,各有不同的施工特点和要求,对现场所需的各种施工设备也各有不同的施工特点和要求。因此,不同的施工阶段就有不同的现场施工平面图设计。

(一)施工平面图的设计内容与依据

1.单位工程施工平面图的设计内容

　　(1)建筑总平面图的有关内容(如已建和拟建的建筑物及其他设施的位置、尺寸等);

　　(2)拟建工程所需的起重及垂直运输机械的位置及其主要尺寸,起重机的开行路线和方向等;

　　(3)地形等高线测量放线标桩的位置和取弃的地点;

　　(4)搅拌站、加工棚、仓库,材料、水、暖、电、卫等材料,构配件堆场;

　　(5)施工运输道路的位置和宽度、尺寸,现场出入口等;

　　(6)为施工服务的一切临时设施;

　　(7)临时给排水管线、供电线路、热源气源管道和通信线路等布置。

2.单位工程施工平面图的设计依据

　　单位工程施工平面图的设计依据是:施工图纸,现场地形图,水源、电源情况,施工场地情况,可利用的房屋及设施情况,施工组织总设计(如施工总平面图等),本单位工程的施工方案与施工方法,施工进度计划及各种资源需用量计划等。

(二)施工平面图的设计原则与步骤

1.施工平面图的设计原则

　　施工平面图的设计有以下几点原则:

（1）在满足施工安全、保证现场施工顺利进行的条件下，要布置紧凑，占地省，不占或少占农田；

（2）要做到短运输、少搬运，尽量避免二次搬运；

（3）要尽量减少临时设施的搭设，降低临时设施费用；

（4）应符合劳动保护、安全生产、消防、环保、市容等要求。

2.施工平面图的设计步骤

施工平面图的设计步骤一般是：确定起重运输机械的位置→确定搅拌站、加工棚、仓库、材料及构件堆场的尺寸和位置→布置运输道路→布置临时设施→布置水电管线→布置安全消防设施→调整优化。

单位工程施工平面图设计程序如图 3.15 所示。

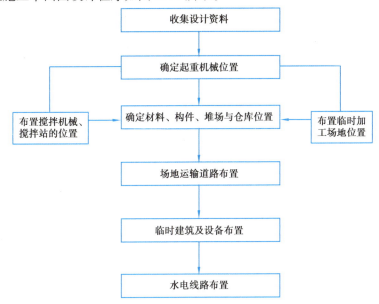

图 3.15　单位工程施工平面图的设计程序

以上步骤在实际设计时，往往互相关联、互相影响，因此要多次反复进行。除研究在平面上布置是否合理外，还必须考虑它们在空间上是否可能和合理，要特别注意安全问题。

（三）确定起重运输机械的位置

起重运输机械的位置，直接影响仓库、材料、构配件、道路、搅拌站、水电线路的布置，应首先予以考虑。一般工业与民用建筑工程施工的起重运输机械，主要有塔式起重机、龙门架（或井架）、施工电梯等。塔式起重机又包括移动式和固定式，它是在整个建筑工程施工中对施工进度影响比较大的设备，而影响使用效率的一个重要环节是塔式起重机的定位。根据起重运输机械性能及使用要求不同，平面布置的位置也不同。

1.塔式起重机的布置

对塔式起重机的布置要求如下：

1)起重机的平面位置

起重机的平面位置主要取决于建筑物的平面形状和四周场地条件,一般应在场地较宽的一面沿建筑物的长度方向布置,以便于材料运输及充分发挥效率。起重机一般单侧布置(图3.16),有时也有双侧布置或跨内布置。

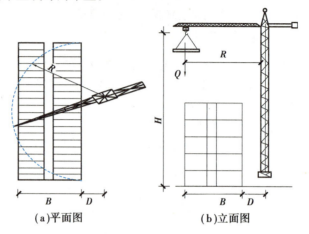

(a)平面图　　　　　　　　(b)立面图

图3.16　塔式起重机的单侧布置示意图

影响塔式起重机定位的因素一般有服务范围、塔身与建筑物之间的距离、群塔施工、高压线、塔身与地下室结构的关系、方便安拆、塔机通视良好、附墙位置等。

2)起重机的起重参数

起重机一般有3个起重参数:起重量(Q)、起重高度(H)和回转半径(R)。有些起重机还设起重力矩参数(起重量与回转半径的乘积)。

起重量是指起重机一次性起吊材料或货物的重量。在起重机不同的回转半径处允许起吊的最大起重量是不同的。

起重高度是指起重机轨道顶面(轨道式起重机)或基础顶面(其他起重机)到吊钩中心的垂直距离。

回转半径是指起重机回转中心线到吊钩中心垂线的水平距离。

起重机的平面位置确定后,应使其所有参数均满足吊装要求。起重机高度除满足建筑高度外,还应大于建筑物高度+构件高度+索具高度+施工安全距离。单侧布置时,塔吊的回转半径应满足下式要求:

$$R \geqslant B + D \tag{3.9}$$

式中　R——起重机的最大回转半径,m;

B——建筑物平面的最大宽度,m;

D——回转中心线与外墙边线的距离,m。

回转中心线与外墙边线的距离D取决于凸出墙面的雨篷、阳台以及脚手架的尺寸,还取决于起重机的型号、性能、轨距及构件重量和位置,这与现场地形及施工用地范围大小有关。若公式$R \geqslant B+D$得不到满足,则可适当减少D的尺寸。若D已经是最小安全距离,则应采取其他技术措施,如采用双侧布置、结合井架布置等。

3）起重机的服务范围

固定式塔式起重机的服务范围，是以回转中心为圆心，以塔机的最大回转半径为半径画出的圆形面积，如图 3.17 所示。

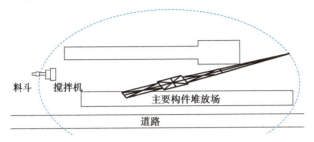

料斗 搅拌机 主要构件堆放场

道路

图 3.17 塔式起重机服务范围

建筑物处在起重机服务范围以外的阴影部分，称为"死角"，如图 3.18 所示。起重机布置的最佳状况是使建筑物平面均处在起重机的服务范围以内，避免"死角"。如果做不到，也应使"死角"越小越好，或使最重、最高、最大的构件不出现在"死角"处。如果起重机吊装最远构件，需将构件作水平推移时，则推移距离一般不得超过 1 m，并应有严格的技术安全措施。否则，需采取其他辅助措施，如布置井架或在楼面进行水平运转等，使施工顺利进行。

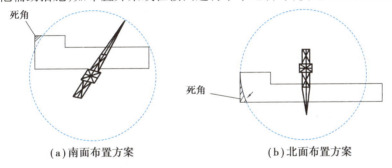

死角

死角

（a）南面布置方案 （b）北面布置方案

图 3.18 起重机位置的"死角"

2.龙门架的布置

龙门架主要用作垂直运输，其吊篮尺寸较大，可用于提升材料、楼板等。龙门架的布置位置取决于建筑物的平面形状和大小、房屋的高低分界、施工段的划分及四周场地大小等因素。建筑物呈长条形，层数、高度相同时，一般应布置在施工段的分界处，靠现场较宽的一面，以便在井架或龙门架附近堆放材料和构件，缩短运距；建筑物各部位的高度不相同时，应布置在高低分界线处高的一侧，以避免高低处水平运输施工互不干涉。卷扬机的位置不能离井架或龙门架太近，一般应在 15 m 以外，以便卷扬机操作工能判断吊篮升降时所处的位置。

龙门架的布置形式如图 3.19 所示。

3.自行式起重机

对履带式起重机、汽车式起重机等，一般只要考虑其平行路线即可。平行路线根据构件质量、堆放场地、吊装方法及建筑物的平面形状和高度因素确定。开行路线有跨中行驶和跨边行驶两种。

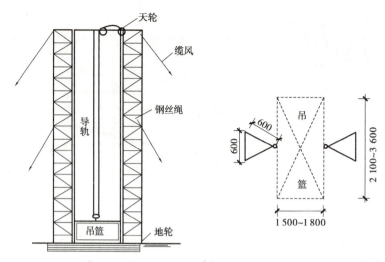

图 3.19　龙门架示意图

（四）搅拌站、加工棚、仓库及材料堆场的布置

布置搅拌站、加工棚、仓库及材料堆场时,既要使它们尽量靠近使用地点或将它们布置在起重机的有效服务范围内,又要便于运输、装卸。

1.搅拌站的布置

单位工程是否需要设置砂浆和混凝土搅拌机,以及搅拌机采用什么型号、规格、数量等,一般在选择施工方案与施工方法时确定。搅拌站的布置要求如下:

(1)搅拌站应有后台上料的场地,要与砂石堆场、水泥库综合考虑布置,既要互相靠近,又要便于这些大宗材料的运输和装卸;

(2)搅拌站应尽可能布置在垂直运输机械附近;

(3)搅拌站应设在施工道路近旁;

(4)搅拌站场地四周应设置排水沟;

(5)混凝土搅拌台所需面积约 25 m^2,砂浆搅拌台所需面积约 15 m^2。

2.加工棚的布置

木材、钢筋、水电等加工棚宜设置在建筑物四周稍远处,并有相应的材料及成品堆场。钢筋加工应尽可能地设在起重机服务范围内,避免二次搬运。木材加工场地,应根据其加工特点,选在远离火源的地方。石灰及淋灰池可根据情况布置在砂浆搅拌机附近。沥青灶应选择较空旷的场地,远离易燃品仓库和堆场,并布置在下风向。

现场作业棚面积可参照表 3.12 进行确定。

表 3.12　现场作业棚所需面积参考指标

序　号	名　称	面　积	堆场占地面积	序　号	名　称	面　积	堆场占地面积
1	木作业棚	2 m^2/人	棚的 3~4 倍	2	电工房	15 m^2	—

序　号	名　称	面　积	堆场占地面积	序　号	名　称	面　积	堆场占地面积
3	电锯房	40~80 m²	—	9	钢筋对焊	15~24 m²	棚的3~4倍
4	钢筋作业棚	3 m²/人	棚的3~4倍	10	油漆工房	20 m²	—
5	搅拌棚	10~18 m²/台	—	11	机钳工修理	20 m²	—
6	卷扬机棚	6~12 m²/台	—	12	立式锅炉房	5~10 m²/台	—
7	烘炉房	30~40 m²	—	13	发电机房	0.2~0.3 m²/kW	—
8	焊工房	20~40 m²	—	14	水泵房	3~8 m²/台	—

3.仓库及堆场的布置

仓库及堆场的面积应先通过计算,然后根据各个施工阶段的需要及材料使用的先后顺序来进行布置。同一场地可供多种材料或构件堆放,如先堆砖石,再堆门窗扇等。仓库及堆场的布置要求如下:

1)材料仓库或露天堆场的布置

水泥仓库应选择地势较高、排水方便、靠近搅拌机的地方。各种易爆、易燃品仓库的布置应符合防火、防爆安全距离的要求。木材、钢筋及水电器材等仓库,应与加工棚结合布置,以便就近取材加工。

各种材料仓库及堆场面积可按下式计算:

$$A = \frac{K_1 T_i Q}{K_2 T q} \tag{3.10}$$

式中　A——按材料储备量计算的仓库或堆场面积,m²;

　　　K_1——材料使用不均匀系数(表3.13);

　　　K_2——仓库或堆场面积利用系数(表3.13);

　　　T_i——某种材料的储备期(表3.13),天;

　　　T——某施工项目的施工持续时间,天;

　　　Q——某施工项目的材料需用量,m²、t等;

　　　q——每 m² 面积能存放材料的数量(表3.13)。

表3.13　常用材料按储备期计算面积参数

材料名称	单　位	K_1	K_2	T_i	q	仓库类别
水泥	t	1.2~1.4	0.65	40~50	2	库
钢筋	t	1.2~1.4	0.6	60~70	0.6	棚
砂子	—	1.2~1.4	0.7	25~35	1.2	露天
碎石、卵石	—	1.2~1.4	0.7	25~35	1.2	露天
红砖	千块	1.4~1.8	0.6	25~30	0.8	露天

续表

材料名称	单位	K_1	K_2	T_i	q	仓库类别
木材	m³	1.4 ~ 1.4	0.45	70 ~ 80	1.4	露天
石灰	—	1.2 ~ 1.4	0.7	30 ~ 35	1.5	棚
五金	t	1.2 ~ 1.5	0.5 ~ 0.6	30	2.2	库
油漆料	桶/t	1.2	0.6	30 ~ 40	0.7	库
电线电缆	t	1.5	0.4	50	0.5	库或棚
玻璃	箱	1.2 ~ 1.4	0.6	50 ~ 55	8	棚或库
卷材	卷	1.3 ~ 1.5	0.7 ~ 0.8	50 ~ 60	15 ~ 24	库
沥青	t	1.5 ~ 1.7	0.7	55 ~ 60	0.6 ~ 1	露天
木门窗扇	m²	1.2	0.6	30	15 ~ 20	棚
钢门窗	t	1.3 ~ 1.5	0.6	30 ~ 40	1 ~ 1.2	棚

2)预制构件的布置

装配式单层厂房的各种构件应根据吊装方案及方法,先画出平面布置图,再依此进行布置。

现场构件堆放数量应视施工进度、运输能力和条件等因素考虑,最好根据每层楼或每个施工段的施工进度,实行分期分批配套进场,吊完一层楼(或一个施工段)再进场一批构件,以节省堆放面积。

3)材料堆场的布置

各种主要材料,应根据其用量的大小、使用时间的长短、供应与运输情况等研究确定。应遵循先用先堆,后用后堆的原则;应尽量缩短运输距离,避免二次搬运。砂、石堆场应靠近搅拌机(站),砖与构件应尽可能地靠近垂直运输机械布置(基础用砖可布置在基坑四周)。

(五)运输道路的布置

施工运输道路应按材料和构件运输的需要,沿仓库和堆场进行布置,使之畅通无阻。

1.施工道路的技术要求

道路应满足最小宽度、最小转弯半径的要求,见表3.14、表3.15。架空线及管道下面的道路,其通行空间宽度应比道路宽度大于0.5 m,空间高度应大于4.5 m。

表3.14 施工现场道路最小宽度

序　号	车辆类别及要求	道路宽度/m
1	汽车单行道	≥3.0
2	汽车双行道	≥6.0
3	平板拖车单行道	≥4.0
4	平板拖车双行道	≥8.0

表 3.15　施工现场道路最小转弯半径

车辆类型	路面内侧的最小曲线半径/m		
	无拖车	有一辆拖车	有两辆拖车
小客车、三轮汽车	6	—	—
一般二轴载重汽车	单车道9	12	15
三轴载重汽车	双车道7	15	18
重型载重汽车	12	—	—
起重型载重汽车	15	18	21

2.施工道路的布置要求

（1）应满足材料、构件等运输要求，使道路通到各个仓库及堆场，并距离其装卸区越近越好，以便装卸。

（2）应满足消防的要求，使道路靠近建筑物、木材堆场等易发生火灾的地点，以便车辆能直接开到消防栓处。消防车道宽度不小于 4 m。

（3）为提高车辆的行驶速度和通行能力，应尽量将道路布置成环形路。若不能设置环形路，应在路端设置倒车场地。

（4）应尽量利用已有道路或永久性道路。根据建筑总平面图上永久性道路位置，先修筑路基，作为临时道路。工程结束后，再修筑路面。这样可节约施工时间和费用。

（5）施工道路应避开拟建工程和地下管道等地方。否则，这些工程后期施工时，将切断临时道路，给施工带来困难。

（六）临时设施的布置

单位工程的临时设施分生产性和生活性两类。生产性临时设施主要包括各种料具仓库、加工棚等，其布置要求前面已经阐述；生活性临时设施主要包括行政管理、文化、生活、福利用房等，用房面积可参考表 3.16。布置生活性临时设施时，应遵循使用方便、有利施工、合并搭建、保证安全的原则。

表 3.16　临时宿舍、文化福利和行政管理用房面积参考指标

序号	行政、生活、福利用房名称	单　位	面　积	备　注
1	办公室	m²/人	3.5	使用人数按干部人数的70%计算
2	单身宿舍	单层 m²/人	2.6~2.8	
		双层床 m²/人	2.1~2.3	
		单层床 m²/人	3.2~3.5	
3	家属宿舍	m²/户	16~25	—

续表

序号	行政、生活、福利用房名称	单 位	面 积	备 注
4	食堂兼礼堂	m²/人	0.9	—
5	医务室	m²/人	0.06	不小于 30 m²
6	理发室	m²/人	0.03	—
7	浴室	m²/人	0.10	—
8	开水房	m²	10~40	—
9	厕所	m²/人	0.02~0.07	—
10	工人休息室	m²/人	0.15	—

临时设施应尽可能采用活动式、装拆式结构,或就地取材设置。门卫、收发室等应设在现场出入口处,办公室应靠近施工现场,工人休息室应设在工作地点附近。生活性临时设施与生产性临时设施应有所区分,不要互相干扰。

(七)临时供水、供电设施的布置

1.临时供水设施

关于临时供水设施,应先进行用水量、管径等计算,然后进行布置。单位工程的临时供水管网,一般采用枝状布置方式。供水管径可通过计算或查表选用,一般 5 000~10 000 m² 的建筑物,其施工用水主管直径为 50 mm,支管直径为 15~25 mm。单位工程供水管的布置,除应满足计算要求外,还应将供水管分别接到各用水点(如砖堆、石灰池、搅拌站等)附近,分别接出水龙头,以满足现场施工的用水需要。此外,在保证供水的前提下,应使管线越短越好,以节约施工费用。管线可暗铺,也可明铺。

2.临时供电设施

在临时供电方面,也应先进行用电量、导线等计算,然后进行布置。单位工程的临时供电线路,一般也采用枝状布置方式,其要求如下:

(1)尽量利用原有的高压电网及已有的变压器。

(2)变压器应布置在现场边缘高压线接入处,离地应大于 3 m,四周设有高度大于 1.7 m 的铁丝网防护栏,并设有明显的标志。不要把变压器布置在交通道口处。

(3)线路应架设在道路一侧,距建筑物应大于 1.5 m,垂直距离应大于 2 m,电杆间距一般为 25~40 m,分支线及引入线均应从电杆上横担处连接。

(4)线路应布置在起重机械的回转半径之外。否则,必须搭设防护栏,其高度若超过线路 2 m,机械运转时还应采取相应的措施,以确保安全。现场机械较多时,可采用埋地电缆代替架空线,以减少互相干扰。

(5)供电线路跨过材料、构件堆场时,应有足够的安全架空距离。

(6)各种用电设备应采用"一机一闸一漏一箱",不允许一闸多机使用,闸刀开关的安装位置应在便于操作处。

（7）配电箱等在室外时，应有防雨措施，严防漏电、短路及触电事故。

（八）施工平面图的绘制

绘制施工平面图

工程施工是一个复杂多变的生产过程，各种机械、材料、构件随着工程的进展不断进场、消耗，施工平面图在各施工阶段会有很大变化。施工平面图的内容和数量一般根据工程特点、工期长短、场地情况等确定。对大型工程项目，由于工期长、变化大，就需要按不同施工阶段设计若干施工平面图，以便把不同施工阶段内工地的合理布置具体反映出来。而一般中小型单位工程，只绘制主体结构施工阶段的平面布置图即可；对工期较长或场地受限制的大中型工程，则应分阶段绘制多张施工平面图；又如，单层工业厂房的建筑安装工程，则应分别绘制基础、预制吊装等施工阶段的施工平面图。

施工平面图的绘制方法和要求如下：

1. 确定图幅的大小和比例

图幅大小和绘图比例应根据工地大小及布置的内容多少来确定。图幅一般采用 A2、A3 图纸，比例为 1∶200～1∶500。通常使用 1∶200 的比例。

2. 合理规划和设计图纸

根据图幅大小，按比例将拟建房屋的轮廓绘制在图中的适当位置，以此为中心，将施工方案选定的起重机械按布置原则和要求，绘制起重机及配套设施的轮廓线。

3. 绘制工地需要的临时设施

按各临时设施的要求计算面积。逐一绘制其轮廓线位置，其图例应符合建筑制图要求。

4. 绘制正式施工平面图

在完成各项布置后，再经过分析、比较、优化、调整修改，形成施工平面图草图；然后再按规范规定的线型、线条、图例等对草图进行加工，并作必要的文字说明，标上图例、比例、指北针等，形成正式的施工平面图。

绘制施工平面图的要求是：比例要准确，要标明主要位置尺寸；要按图例或编号注明布置的内容、名称；线条粗细分明；字迹工整、清晰，图面清楚、美观。

（九）某6层教学楼工程主体施工阶段的平面布置

1. 设计依据

（1）资源需用量计划表。

（2）建筑总平面图，如图 3.20 所示。

2. 设计步骤

1）起重机的布置

本工程的最大宽度为 20 m，最大高度为 25.2 m，最长为 47.2 m。根据施工方案安排，现场配备 2 台 2 m×3 m 的钢井架附设把杆，把杆服务半径为 11 m。作为主要的垂直运输机械，根据现场条件布置在①—⑭轴等 4 处，施工中无大型构件需吊装，服务能力能满足施工要求，其位置详见图3.21。

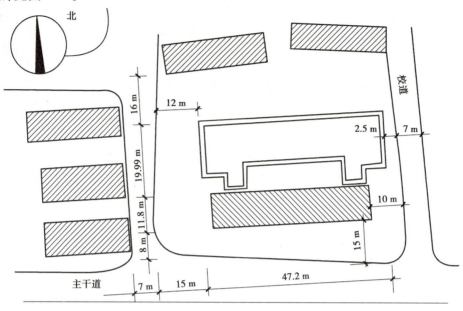

图 3.20　总平面示意图

2）搅拌站、材料堆场、仓库及加工场地布置

根据校方要求，旧建筑物的首层间隔全部拆除，作为本建筑功能上的交通出入口和活动场地，施工阶段可作为施工场地。因此，将混凝土及砂浆搅拌站设在旧楼的首层位置，东西两头的房间间隔不全部拆除，设置 1#、2#水泥仓库，2 台混凝土搅拌机与 1 台砂浆搅拌机（砌筑和装修时增设 2 台）面向拟建建筑物并排设置，出料口面向钢井架。

旧楼南面沿运输道路和施工围墙间布置满足工程需要的砂、石堆场，砂、石均可就近用手推车运送到搅拌操作平台。

钢筋工场设在建筑物西侧的空地，沿运输道路布置钢筋调直机、弯曲机、钢筋切断机各 2套，交流焊机 2 台，直流焊机 1 台，进行钢筋加工。

模板加工设在建筑物西北侧的空地，沿运输道路布置，主要是组合钢模板。楼板采用 18 mm 厚夹板，配备 3 套模板及适量的周转材料。选择 3 台锯木机用于模板加工。

（1）搅拌站面积按下式计算：

$$F = 1.3 \times (2 \times 25 + 3 \times 15) = 123.5 \text{ m}^2$$

旧建筑底层中间位置面积大于 230 m²，满足使用要求。

（2）材料堆场面积计算。该工程砂用量为 1 899.8 m³，碎石用量为 2 061 m³。根据表3.13可求出，砂堆场面积为 98.9 m²，碎石堆场面积为 107.3 m²。

（3）模板、脚手架与钢筋加工及成品堆场。模板主要是组合钢模板。根据进度要求进场，对脚手架和组合钢模板现场加工的主要工作是：修理、清洁及少量的木加工，处理后的模板、脚手架成品按规格分散堆放在建筑物北面的空地和模板加工场的位置。模板加工场面积为 8× 14 m² = 112 m²。

钢筋加工量为 145 t，成品按加工牌分散堆放在加工场附近。根据钢筋调直和加工机械量及现场条件确定钢筋加工场面积为 40×9 m² = 360 m²。

现场主要小型机械机修房面积为 6×5 m^2 = 30 m^2。

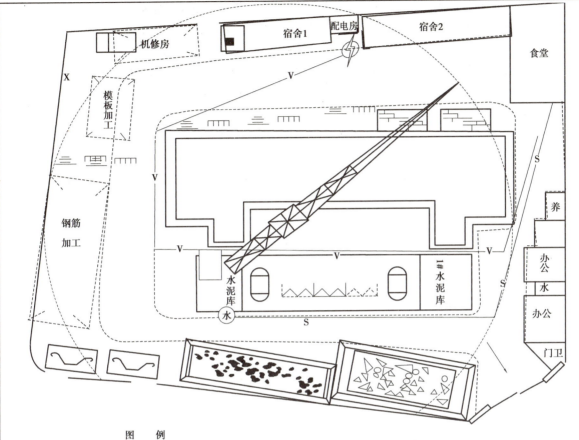

图例

拟建建筑		钢筋成品堆场	
敞棚式房屋		施工道路	
临时围墙		脚手架模板堆场	
水源	水	临时水管	—S—
电源		临时电线	—V—
混凝土搅拌机		砖堆场	
砂浆搅拌机		淋灰池	灰
碎石堆场		砂堆场	

说明:
1. 施工现场所有用电设备必须严格执行有关临时用电安全技术规范。
2. 消防用水与施工用水同时到位,各消防栓旁设置相应规格的水枪和20 m水带。
3. 所有设备、材料必须按平面布置图指定位置堆放整齐。

北

图 3.21　主体施工阶段施工平面图

3)临时设施布置

施工人员生活区设施设在施工现场东北面,现场住宿能够满足高峰期74人的住宿要求。临时生活区主要设置有宿舍、食堂、厕所。厕所设有带盖化粪池,大小便冲洗设备。厕所、淋浴室墙壁贴1.5 m高白瓷片,便沟底及两侧贴白瓷片,厕台铺马赛克等材料和脚踏砖。各设施所需面积计算如下,按高峰人数 74 人计。

(1)施工办公室面积=74×15%×3 m² =33 m²,按 4×7 m² =28 m² 布置。

(2)工人宿舍面积=74×3.5 m² =259 m²,按 5×20×2 m² =200 m² 布置。

(3)临时食堂面积=74×3.5 m² =259 m²,按 6×30 m² =180 m² 布置。

(4)开水房面积=74×0.04 m² =2.86 m²,按 1.2×2.1 m² =2.52 m² 布置。

(5)厕所面积=74×0.07 m² =5.18 m²,按 1.5×2.4 m² =3.6 m² 布置。

4)临时道路

利用原有道路及将来建成后的永久性道路作为临时道路,工程结束后再修筑。

5)临时供水、供电

(1)供水:供水线路按枝状布置,根据现场总用水量要求,总管直径为 100 mm,支管直径取 40 mm。

(2)供电:直接利用建筑物附近建设单位的变压器,现场设一配电箱,通向塔吊的电缆线埋地设置。

主体施工阶段施工平面图详见图 3.21。

拓展与提高

主要技术经济指标

单位工程施工组织设计是规划和具体指导施工的技术经济文件,其编制质量的好坏对工程项目建设的进度、质量和经济效益影响较大。因此,对施工组织设计进行技术经济分析目的,是论证施工组织设计在技术上是否可行,经济上是否合算;通过科学的计算和分析比较,选择技术经济效果最佳的方案,为不断改进和提高施工组织设计水平提供依据,为寻求增产节约的途径和提高经济效益提供信息。

(一)技术经济分析指标体系

单位工程施工组织设计中,技术经济分析指标应包括工期指标、质量指标、劳动生产率指标、安全指标、降低成本率指标、主要工种机械化程度、三大材料节约指标等。这些指标应在单位工程施工组织设计基本完成后进行计算,并反映在施工组织设计文件中,作为考核的依据。

施工组织设计技术经济分析指标体系如图 3.22 所示。

1.总工期指标

总工期是指从破土动工至竣工的全部日历天数。

2.质量优良品率

这是施工组织设计中确定的控制目标,主要通过保证质量措施实现,可分别对单位工程、分部分项工程进行确定。

3.劳动指标

(1)单方用工。它反映劳动的使用和消耗水平。

$$单方用工 = \frac{总用工量(工日)}{建筑面积(m^2)}$$

（2）劳动力均衡系数。它表示整个施工期间使用劳动力的均衡程度。

$$劳动力均衡系数 = \frac{施工高峰人数}{施工期平均人数}$$

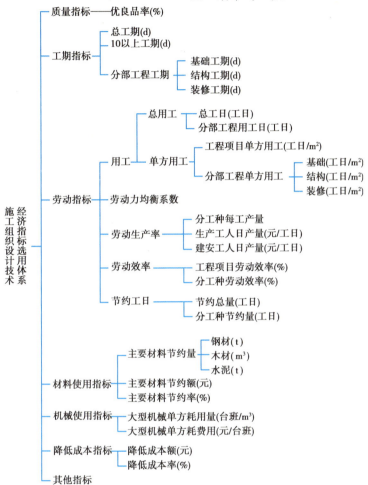

图3.22 施工组织设计技术经济分析指标体系

4. 降低成本指标

（1）降低成本额：

$$降低成本额 = 预算成本 - 施工组织设计计划成本$$

（2）降低成本率：

$$降低成本率 = \frac{降低成本额}{预算成本} \times 100\%$$

5. 机械使用指标

（1）大型机械单方耗用台班数：

$$大型机械单方耗用台班数 = \frac{耗用总台班（台班）}{建筑面积（m^2）}$$

(2)大型机械单方耗用费用：

$$大型机械单方耗用费用 = \frac{计划大型机械台班费（元）}{建筑面积（m^2）}$$

6.主要材料节约指标

(1)主要材料节约量：

$$主要材料节约量 = 预算用量 - 施工组织设计计划用量$$

(2)主要材料节约率：

$$主要材料节约率 = \frac{预算用量 - 施工组织设计计划用量}{预算用量} \times 100\%$$

(二)单位工程施工组织设计的技术经济评价重点

对单位工程施工组织设计,不同的结构类型设计内容,应有不同的技术经济评价侧重点。但总的原则是,在质量能达到优良的前提下,工期合理、成本节约、施工安全。

(1)基础工程应以土方工程、现浇混凝土、桩基、排水和地下防水、运输进度与工期为重点。

(2)主体结构工程应以垂直运输机械的选择、流水段的划分、劳动组织、现浇钢筋混凝土模板安装、绑扎钢筋、混凝土浇筑运输、脚手架选择、特殊分项工程施工方案和各项技术组织措施为重点。

(3)装饰工程应以施工顺序、质量保证措施、劳动组织、分工协作配合、节约材料及技术组织措施为重点。

单位工程施工组织设计技术经济分析的重点是:工期、质量、成本、劳动力的使用,场地的占用和利用,临时设施,新技术、新设备、新材料、新工艺的采用。

 思考与练习

(一)单项选择题

1.下列选项中施工平面图的设计步骤不正确的是(　　　)。

　A.确定起重运输机械的位置→确定搅拌站、加工棚、仓库、材料及构件堆场的尺寸和位置

　B.布置运输道路→布置临时设施

　C.布置水电管线→布置安全消防设施→调整优化

　D.确定搅拌站、加工棚、仓库、材料及构件堆场的尺寸和位置→布置临时设施→布置运输道路

2.不属于搅拌站的布置要求的是(　　　)。

　A.搅拌站场地四周应设置排水沟

　B.搅拌站应设在施工道路近旁

　C.搅拌站应尽可能布置在垂直运输机械附近

　D.搅拌站必须要装消声装置

3.施工现场设置沥青灶应注意的问题不包括(　　　)。

A. 应选择较空旷的场地

B. 可以布置在顺风向,也可以布置在下风口

C. 远离易燃品仓库和堆场

D. 布置在下风向

4. 施工道路的布置要求不包括( )。

A. 为提高车辆的行驶速度和通行能力,应尽量将道路布置成环形路。若不能设置环形路,应在路端设置倒车场地

B. 应满足材料、构件等运输要求,使道路通到各个仓库及堆场,并距离其装卸区越近越好,以便装卸

C. 应满足消防的要求,使道路靠近建筑物、木材堆场等易发生火灾的地点,以便车辆能直接开到消防栓处。消防车道宽度不小于3 m

D. 应尽量利用已有道路或永久性道路。根据建筑总平面图上永久性道路位置,先修筑路基,作为临时道路。工程结束后,再修筑路面。这样可节约施工时间和费用

(二)多项选择题

1. 下列选项中哪些是施工平面图的设计原则?( )

A. 应符合劳动保护、安全生产、消防、环保、市容等要求

B. 要做到短运输、少搬运,尽量避免二次搬运

C. 职工宿舍、行政用房等要做到美观舒适

D. 要尽量减少临时设施的搭设,降低临时设施费用

2. 起重机一般包括3个重要的起重参数,分别是( )。

A. 起重量　　　　　　　　　　B. 起重速度

C. 起重高度　　　　　　　　　　D. 回转半径

3. 材料堆场的布置原则正确的是( )。

A. 砖与构件应尽可能靠近垂直运输机械布置

B. 砂、石堆场应靠近起重机

C. 先用后堆,后用先堆的原则

D. 应尽量缩短运输距离,避免二次搬运

(三)判断题

1. 不同的工程性质和不同的施工阶段,各有不同的施工特点和要求,对现场所需的各种施工设备也各有不同的施工特点和要求。 ( )

2. 单位工程施工平面图的设计依据有施工图纸、现场地形图、施工场地情况、可利用的房屋及设施情况、施工人员的个别要求等。 ( )

3. 各种用电设备的闸刀开关应单机单闸,不允许一闸多机使用,闸刀开关的安装位置应在便于操作处。 ( )

4. 在施工平面图的绘制中,图幅一般采用通用的 A4 办公用纸。 ( )

(四)问答题

1. 单位工程施工平面图的设计内容有哪些?

2.施工平面图的设计原则有哪些?

3.施工平面图的绘制方法和要求各是什么?

 考核与鉴定三

（一）单项选择题

1.单位工程施工组织设计是具体指导施工的文件,是施工组织总设计的(　　)。

　　A.程序化　　　　　　　　B.具体化　　　　　　　C.科学化　　　　　　　　D.自动化

2.单位工程施工组织设计的编制依据不包括(　　)。

　　A.经过会审的施工图　　　　　　　　B.施工组织总设计

　　C.施工企业旬度施工计划　　　　　　D.有关的国家规定和标准

3.单位工程施工组织设计的内容不包括(　　)。

　　A.施工进度计划　　　　　　　　　　B.施工现场平面图

　　C.主要技术组织措施　　　　　　　　D.施工总平面图

4.下列哪项不是主要材料需用量计划的作用? (　　)

　　A.确定材料消耗定额的依据　　　　　B.确定仓库、堆场面积的依据

　　C.确定运输量的依据　　　　　　　　D.确定备料、供料的依据

5.施工现场"三通一平"中的"平"指(　　)。

　　A.平铺地砖　　　　　　　　　　　　B.场地平整

　　C.道路铺平　　　　　　　　　　　　D.钢筋棚整平

6.下列选项中,选择施工方案不包括(　　)。

　　A.编制开工报告　　　　　　　　　　B.确定施工程序和施工流向

　　C.确定施工顺序　　　　　　　　　　D.合理选择施工方法和施工机械

7.施工程序是指单位工程中各(　　)或施工阶段的先后次序及其制约关系。

　　A.分部工程　　　　　　　　　　　　B.建设项目

　　C.分项工程　　　　　　　　　　　　D.工程项目

8.施工流向是指单位工程在(　　)上或空间上开始施工的部位及其流动的方向。

　　A.单向　　　　　　　B.双向　　　　　　　C.平面　　　　　　　　D.竖向

9.施工顺序是指各(　　)或工序之间施工的先后顺序。

　　A.建设项目　　　　　　　　　　　　B.单位工程

　　C.分部工程　　　　　　　　　　　　D.分项工程

10.施工机械首先应选择(　　)工程的施工机械。

　　A.大型　　　　　　　B.主导　　　　　　　C.小型　　　　　　　　D.辅助

11.某建筑工程公司作为总承包商承接了某单位迁建工程所有项目的施工任务。该项目包括办公楼、住宅楼和综合楼各一栋。该公司针对整个迁建工程项目制订的施工组织设计属于(　　)。

　　A.施工规划　　　　　　　　　　　　B.单位工程施工组织设计

C.施工组织总设计　　　　　　　　　　D.分部分项工程施工组织设计

12.下列不属于搅拌站布置要求的是(　　)。
　A.搅拌站场地四周应设置排水沟
　B.搅拌站应设在施工道路近旁
　C.搅拌站应尽可能布置在垂直运输机械附近
　D.搅拌站必须要装消声装置

13.施工现场设置沥青灶应注意的问题不包括(　　)。
　A.应选择较空旷的场地
　B.可以布置在顺风向,也可以布置在下风口
　C.远离易燃品仓库和堆场
　D.布置在下风向

14.施工道路的布置要求不包括(　　)。
　A.为提高车辆的行驶速度和通行能力,应尽量将道路布置成环形路。若不能设置环形路,应在路端设置倒车场地
　B.应满足材料、构件等运输要求,使道路通到各个仓库及堆场,并距离其装卸区越近越好,以便装卸
　C.应满足消防的要求,使道路靠近建筑物、木材堆场等易发生火灾的地点,以便车辆能直接开到消防栓处。消防车道宽度不小于3 m
　D.应尽量利用已有道路或永久性道路。根据建筑总平面图上永久性道路位置,先修筑路基,作为临时道路。工程结束后,再修筑路面。这样可节约施工时间和费用

15.单位工程施工进度计划编制的主要依据不包括(　　)。
　A.工程投标书
　B.施工方案与施工方法
　C.要求开工及竣工的时间
　D.施工条件,如劳动力、机械、材料、构件等供应情况

16.单位工程施工进度计划的编制程序中,套用施工定额是在(　　)之后。
　A.确定施工项目延续时间　　　　　B.计算工程量
　C.计算劳动量或机械台班需用量　　D.编制初步计划方案

17.某工程12墙内墙砌筑,其工程量为706 m³,时间定额为0.85 工日/m³。试计算完成砌砖所需的劳动量为(　　)工日。
　A.543　　　　　　B.600　　　　　　C.831　　　　　　D.671

18.根据施工项目划分的粗细程度,单位工程施工进度计划可分为控制性和(　　)施工进度计划两类。
　A.实施性　　　　B.指导性　　　　C.总体性　　　　D.全面性

19.某施工方施工进度控制的环节有:①编制施工进度计划;②组织施工进度计划实施;③编制资源需求计划;④施工进度计划检查与调整。其控制顺序正确的是(　　)。
　A.①②③④　　　　　　　　　　B.①③②④
　C.③①②④　　　　　　　　　　D.③①④②

20. 砂、石等大宗材料,应在施工平面图布置时,考虑放到( )附近。

  A. 塔吊   B. 搅拌站   C. 临时设施   D. 构件堆场

21. 单位工程施工平面图设计的依据不包括( )。

  A. 建筑总平面图   B. 建设单位可以提供的条件

  C. 施工方案   D. 流水施工

(二) 多项选择题

1. 施工平面图设计的依据主要包括施工进度计划、( )。

  A. 当地自然条件资料   B. 技术经济条件资料

  C. 设计资料   D. 主要施工方案

2. 在单位工程施工组织设计的内容中,最为关键的内容是( )。

  A. 施工方案   B. 主要技术组织措施

  C. 施工平面图   D. 施工进度计划

3. 月度施工计划应反映这个月度中将进行的主要施工作业的( )等内容。

  A. 实物工程量   B. 所需施工机械数量

  C. 设计图纸交付   D. 质量验收与技术复核时间

  E. 持续时间

4. 施工现场"三通一平"中"三通"是指( )。

  A. 水   B. 电   C. 道路   D. 闭路

5. 单位工程施工除必须遵守"先地下后地上"的原则外,还有( )。

  A. 先主体结构后地下室   B. 先土建后设备

  C. 先主体后围护   D. 先结构后装饰

6. 多层砖混结构的施工时,一般可划分为基础、( )等施工阶段。

  A. 主体   B. 填充墙   C. 屋面装修   D. 房屋设备安装

7. 单层装配式厂房的施工,一般可分为基础、预制、吊装、( )等施工阶段。

  A. 围护及屋面   B. 设备安装   C. 装修   D. 验收

8. 技术组织措施是保证工程质量、( )。

  A. 安全   B. 成本   C. 项目管理   D. 文明施工

9. 施工方案是编制( )的依据。

  A. 工程概况   B. 施工准备工作计划

  C. 施工进度计划   D. 资源供应计划

10. 施工现场临时供水系统规划时应满足办公、( )用水的需要。

  A. 施工生产   B. 施工机械   C. 生活   D. 消防

11. 施工项目划分的一般要求和方法有明确施工项目划分的内容、掌握施工项目划分的粗细程度、某些施工项目应单独列项、将施工项目适当合并、现浇钢筋混凝土工程的列项、设备安装应单独列项和( )。

  A. 抹灰工程的列项

  B. 区分直接施工与间接施工

  C. 项目划分应考虑施工方案

D. 项目划分应考虑流水施工安排

12. 下列属于资源需用量计划内容的是( )。

A. 劳动力需用量计划   B. 施工机具需用量计划

C. 劳务人员培训计划   D. 主要材料需用量计划

13. 施工机具需用量计划的编制依据有( )。

A. 施工方案   B. 工程投标书

C. 施工方法   D. 施工进度计划

14. 施工项目工作持续时间计算的方法主要有( )。

A. 经验估计法   B. 定额计算法

C. 倒排计算法   D. 横道图法

15. 下列选项中哪些是施工平面图的设计原则( )。

A. 应符合劳动保护、安全生产、消防、环保、市容等要求

B. 要做到短运输、少搬运,尽量避免二次搬运

C. 职工宿舍、行政用房等要做到美观舒适第一

D. 要尽量减少临时设施的搭设,降低临时设施费用

16. 起重机的起重参数包括( )。

A. 起重量   B. 起重速度   C. 起重高度   D. 回转半径

17. 材料堆场的布置原则正确的是( )。

A. 砖与构件应尽可能地靠近垂直运输机械布置

B. 砂、石堆场应靠近起重机

C. 先用后堆,后用先堆的原则

D. 应尽量缩短运输距离,避免二次搬运

(三) 判断题

1. 施工组织设计是指导施工项目全过程中各项活动的技术、经济和组织的综合性文件,且要求在投标前编制好。 ( )

2. 施工组织设计是用来指导拟建工程施工全过程的技术文件,它的核心是施工方案。 ( )

3. 施工平面布置图设计的原则之一,应尽量降低临时设施的费用,充分利用已有的房屋、道路、管线。 ( )

4. 单位工程施工组织设计是以单位工程为对象编制的规划和指导已建工程从施工准备到竣工验收全过程的技术经济文件。 ( )

5. 施工组织总设计是单位工程施工组织设计的具体化。 ( )

6. 通常情况下,编制施工进度计划后是熟悉、会审图纸。 ( )

7. 单位工程施工组织设计的核心内容是:施工方案、施工资源供应计划和施工平面布置图。 ( )

8. 施工方案合理与否将直接影响工程的效率、质量、工期和技术经济效果。 ( )

9. 施工平面布置图设计的原则之一,应尽量减少施工用地。 ( )

10. 施工准备工作应有计划、有步骤、分期、分阶段地进行,施工准备工作应贯穿于整个施

工过程。（　　）

11. 为了保证施工顺利,施工准备工作应在施工开始前完成。（　　）

12. 资源需要量计划和施工准备工作计划编制依据是施工进度计划和施工方案。（　　）

13. 施工现场平面布置图应首先决定场内运输道路及加工场位置。（　　）

14. 单位工程施工平面图设计时,应先考虑临时设施及材料、构件堆放位置。（　　）

15. 施工组织设计是用来指导拟建工程施工全过程的综合性文件,它的核心是施工方案。（　　）

16. 施工方案是否合理,将直接影响施工质量、进度和成本。（　　）

17. 调查研究与收集资料是施工准备工作的内容之一。（　　）

18. 资源需要量计划和施工准备工作计划编制依据是施工进度计划和施工方案。（　　）

19. 劳动定额是指在正常生产条件下,为完成单位合格产品而规定的一般劳动消耗。（　　）

20. 单位工程各项资源需用量计划编制完成后,即可着手编制施工进度计划。（　　）

21. 在编制主要材料需用量计划时,一般不需要考虑材料的使用时间。（　　）

22. 运输计划可作为组织运输力量、保证资源按时进场的依据。（　　）

23. 图纸三方会审后的会审纪要由主持方签字后下发,它与图纸具有同等的效力。（　　）

24. 建筑施工企业的质量保证体系必须选择 ISO 9000 标准。（　　）

25. 施工方案是单位工程施工组织设计的核心部分。（　　）

26. 不同的工程性质和不同的施工阶段,各有不同的施工特点和要求,对现场所需的各种施工设备也各有不同的要求。（　　）

27. 单位工程施工平面图的设计依据有施工图纸、现场地形图、施工场地情况、可利用的房屋及设施情况、施工人员的个别要求等。（　　）

28. 各种用电设备的闸刀开关应单机单闸,不允许一闸多机使用,闸刀开关的安装位置应在便于操作处。（　　）

29. 在施工平面图的绘制中,图幅一般采用通用的 A4 办公用纸。（　　）

30. 单位工程的施工准备分内部和外部两部分。（　　）

31. 安排土建施工与设备安装的施工程序一般可分为封闭式施工、敞开式施工、设备安装与土建施工同时施工。（　　）

32. 多层现浇钢筋混凝土框架结构的施工,一般可划分为基础工程、主体结构工程、围护结构工程、装饰及设备安装工程 4 个施工阶段。（　　）

33. 工程质量的关键是从全面质量管理的角度,建立质量保证体系,采取切实可行的有效措施,从材料采购、订货、运输、堆放、施工、验收等各方面去保证质量。（　　）

34. 施工进度计划可采用横道图或网络图形式。其中,网络图可以反映施工各个过程在组织和工艺上的必然联系。（　　）

35. 计算工程量时,根据施工图纸、有关计算规则及相应的施工方法进行计算。（　　）

(四)问答题

1. 单位工程施工组织设计的编制依据有哪些?

2. 单位工程施工组织设计一般包括哪些内容?

3. 单位工程施工程序有哪些要求?

4. 在确定施工流向时应考虑哪些因素?

5. 确定施工顺序时必须遵循哪些基本原则?

6. 单位工程施工进度计划的作用有哪些?

7. 单位工程施工进度计划的编制依据是什么?

8. 资源需用量计划具体由哪些部分组成?

9. 单位工程施工平面图的设计内容有哪些?

10. 施工平面图的设计原则有哪些?

11. 施工平面图的绘制方法和要求各是什么?

模块四 施工项目管理

项目管理是在 20 世纪 50 年代发展起来的,现已成为现代管理学的一个重要分支,并越来越受到重视。项目的管理者不只是项目执行者,还参与项目的需求确定、项目选择、计划直至收尾的全过程,并在时间、成本、质量、风险、合同、采购、人力资源等方面对项目进行全方位的管理。

建筑工程施工项目管理主要从安全、进度、质量、成本等角度全面进行管理,不仅能够有效地降低施工风险,按规定完成施工任务,还能够有效地降低项目成本,扩大建筑企业效益,整体推动我国施工管理水平。

本模块主要有 3 大任务,即了解施工项目管理的基本知识、掌握施工现场准备与技术管理工作内容、掌握施工项目质量控制与验收。

 学习目标

(一)知识目标

1. 能了解项目管理的有关概念、特点、责任关系及项目管理具体任务;
2. 能掌握施工技术管理原理;
3. 能掌握施工工序质量检查的方法;
4. 能了解安全检查和控制的内容,能理解安全检查的规定和方法。

(二)技能目标

1. 能协助完成施工现场准备工作;
2. 能正确描述施工技术管理工作的内容;
3. 能正确描述施工质量控制过程的内容;
4. 能根据工程质量验收标准开展质量验收工作。

（三）素养目标

1. 通过学习施工项目管理的相关知识,养成遵纪守规和严谨的工作态度。
2. 通过学习施工现场管理相关知识,形成全局观和团队协作意识。

任务一 认识施工项目管理的基本知识

任务描述与分析

目前,项目施工管理已完全进入了各个级别的项目施工现场,是当代项目不可或缺的内容。施工项目管理是以施工项目为管理对象,以项目经理责任制为中心,以合同为依据,按施工项目的内在规律,实现资源的优化配置和对各生产要素进行有效的计划、组织、指导、控制,取得最佳的经济效益的过程。本任务的具体要求是认识项目管理的有关概念、特点,掌握项目管理的具体任务。

知识与技能

（一）项目管理的基本概念

项目管理的基本
概念

1. 建筑工程项目管理及类型

1）建筑工程项目管理

建筑工程项目管理是在一定约束条件下,以建筑工程项目为对象,以最优实现建筑工程项目目标为目的,以建筑工程项目经理负责制为基础,以建筑工程承包合同为纽带,对建筑工程项目高效率地进行计划、组织、协调、控制和监督等系统管理活动。

2）建筑工程项目管理类型

按建筑工程项目不同参与方的工作性质和组织特征,项目管理可分为5种类型:

(1) 业主方的项目管理;

(2) 设计方的项目管理;

(3) 施工方的项目管理;

(4) 供货方的项目管理;

(5) 建设项目总承包方的项目管理。

投资方、开发方和由咨询公司提供的代表业主方利益的项目管理服务都属于业主方的项目管理,施工总承包方和分包方的项目管理都属于施工方的项目管理,材料和设备供应方的项目管理都属于供货方的项目管理。建设项目总承包有多种形式,如设计和施工任务综合的承包,设计、采购和施工任务综合的承包等,它们的项目管理都属于建设项目总承包方的项目管理。

2. 施工项目管理

施工项目管理,也就是施工方的项目管理,是指企业运用系统的观点、理论和科学技术,对施工项目进行的计划、组织、监督、控制、协调等企业过程管理,由建筑施工企业对施工项目进行管理。

1)施工项目管理三要素

(1)施工项目管理的主体是以项目经理为首的项目经理部,即作业管理层。

(2)施工项目管理的客体是具体的施工对象、施工活动及相关生产要素。

(3)施工项目管理的内容(任务)是成本控制、进度控制、质量控制,安全管理、合同管理、信息管理,与施工有关的组织与协调,即"三控制、三管理、一协调"。其中,安全管理和质量控制是施工项目管理中的最重要任务。

2)施工项目管理的特点

施工项目管理是由建筑施工企业对施工项目进行的管理。其主要特点如下:

(1)施工项目的管理者是建筑施工企业。由业主和监理单位在工程项目中涉及的施工阶段管理的仍属建设项目管理范畴,不能算施工项目管理。

(2)施工项目管理的对象是施工项目。其主要的特殊性是生产活动和市场交易同时进行。施工项目周期包括工程投标、签订工程项目承包合同、施工准备、施工以及交工验收等。

(3)施工项目管理过程是动态的。施工项目管理的内容在一个长时间进行的有序过程之中按阶段变化。管理者必须做出策划、设计、提出措施和进行有针对性的动态管理,并使资源优化组合,以提高施工效率和效益。

(4)施工项目管理要求强化组织协调工作。施工活动中往往涉及复杂的经济关系、技术关系、法律关系、行政关系和人际关系等。施工项目管理中,协调工作最为艰难、复杂、多变,因此必须强化组织协调才能保证施工顺利进行。

(二)施工项目管理的任务

1. 施工项目管理的任务

(1)施工安全管理;

(2)施工成本控制;

(3)施工进度控制;

(4)施工质量控制;

(5)施工合同管理;

(6)施工信息管理;

(7)与施工有关的组织与协调。

2. 施工总承包方的管理任务

(1)负责整个工程的施工安全、施工总进度控制、施工质量控制和施工的组织等。

（2）控制施工的成本，这是施工总承包方内部的管理任务。

（3）施工总承包方是工程施工的总执行者和总组织者，它除了完成自己承担的施工任务以外，还负责组织和指挥其进行分包的施工单位和业主指定的分包施工单位的施工，并为分包施工单位提供和创造必要的施工条件。

（4）负责施工资源的供应组织。

（5）代表施工方，与业主方、设计方、工程监理方等外部单位进行必要的联系和协调等。

3.分包施工方的管理任务

分包施工方承担合同所规定的分包施工任务，以及相应的项目管理任务。若采用施工总承包或施工总承包管理模式，分包方（包括一般的分包方和由业主指定的分包方）必须接受施工总承包方或施工总承包管理方的工作指令，服从其总体的项目管理。

 拓展与提高

其他方面项目管理

（一）业主方项目管理（建设监理）

业主方的项目管理是全过程、全方位的，包括项目实施阶段的各个环节。由于工程项目的实施是一次性的任务，因此业主方自行进行项目管理往往有很大的局限性。首先在技术和管理方面，缺乏配套的力量，即使配备了管理班子，没有连续的工程任务也不经济。在计划经济体制下，每个项目发包人都建立一个筹建处或基建处来负责工程建设，这不符合市场经济条件下资源的优化配置和动态管理，而且也不利于建设经验的积累和应用。

因此，在市场经济体制下，工程项目业主完全可以依靠发展的咨询业为其提供项目管理服务，这就是建设监理。监理单位接受工程业主的委托，提供全过程监理服务。由于建设监理的性质是属于智力密集型层次的咨询服务，因此，它可以向前延伸到项目投资决策阶段，包括立项和可行性研究等。这是建设监理和项目管理在时间范围、实施主体和所处地位、任务目标等方面的不同之处。

（二）设计方项目管理

设计单位受业主委托承担工程项目的设计任务，以设计合同所界定的工作目标及其责任义务作为该项工程设计管理的对象、内容和条件，通常简称设计项目管理。设计项目管理也就是设计单位对履行工程设计合同和实现设计单位经营方针目标而进行的设计管理。尽管其地位、作用和利益追求与项目业主不同，但它也是建设工程设计阶段项目管理的重要方面。

只有通过设计合同，依靠设计方的自主项目管理，才能贯彻业主的建设意图和实施设计阶段的投资、质量和进度控制。

(三)供货方项目管理

从建设项目管理的系统分析角度看,建设物资供应工作也是工程项目实施的一个子系统。它有明确的任务和目标、明确的制约条件以及项目实施子系统的内在联系。因此制造厂、供应商同样可以将加工生产制造和供应合同所界定的任务,作为项目进行目标管理和控制,以适应建设项目总目标控制的要求。

(四)建设管理部门的项目管理

建设管理部门的项目管理就是对项目实施的可行性、合法性、政策性、方向性、规范性、计划性进行监督管理。

 ## 思考与练习

(一)单项选择题

1. 项目建设管理的对象是( )。

  A. 建筑工程质量   B. 建筑工程项目

  C. 建筑工程预算   D. 建筑工程安全

2. 施工项目管理的主体是( )。

  A. 项目经理部   B. 施工对象   C. 施工活动   D. 生产要素

(二)多项选择题

1. 施工项目周期包括( )。

  A. 工程投标   B. 签订工程项目承包合同

  C. 施工准备   D. 施工以及交工验收

2. 施工项目管理的"三管理"包括( )。

  A. 安全管理   B. 质量控制   C. 合同管理   D. 信息管理

(三)判断题

1. 施工项目管理的客体是以项目经理为首的项目经理部,即作业管理层。   ( )

2. 施工项目的管理者是建筑施工企业。   ( )

3. 监理单位在工程项目中涉及的施工阶段的管理仍属施工项目管理。   ( )

4. 分包方必须接受施工总承包方或施工总承包管理方的工作指令。   ( )

(四)问答题

1. 按建筑工程项目不同参与方的工作性质和组织特征,建筑工程项目管理可划分哪几种类型?

2. 什么是施工项目管理的"三控制、三管理、一协调"?

3. 施工总承包方的管理任务有哪些?

任务二　掌握施工现场准备与技术管理的工作内容

任务描述与分析

施工现场与技术管理是工程建设的重要环节之一,施工质量情况和管理效力不仅关系到工程的安全、进度、技术,也是确保土建工程顺利完工的关键。施工现场与技术管理是建筑企业管理的重要环节,也是企业管理的落脚点;但是作为建筑企业的基础工作,是企业形象的"窗口",施工现场与技术管理水平的高低决定着建筑企业对市场的应变能力和竞争能力。

本任务的具体要求是了解施工现场的准备工作,掌握图纸会审方法,理解编制施工组织设计的原理,能描述施工现场技术管理工作内容。

施工现场与技术管理

知识与技能

(一)施工现场准备

施工现场准备首先应建立施工责任制度,明确各级技术负责人在工作中应负的责任,更重要的是,应做好施工现场准备工作,为进行正常施工提供条件。

1.建立施工责任制度

由于施工工作范围广,涉及专业工种和专业人员多,现场情况复杂且施工周期长,现场的项目管理必须实行严格的责任制度,使施工工作中的人、财、物合理地流动,以保证施工工作的顺利进行。在编制了施工工作计划以后,就要按计划将责任明确到有关部门甚至个人,以便按计划要求完成工作。各级技术负责人在工作中应承担的责任,应予以明确,以便推动和促进各部门认真做好各项工作。

2.做好施工现场准备工作

1)收集资料

及时收集拟建施工项目的相邻环境、地下管线及相关信息资料,特别是政府部门提供的相关资料,让施工人员了解这些信息,制订相应的施工方案,以免在土方开挖施工过程中出现安全事故。

(1)相邻环境、地下管线资料的收集。拟建施工项目的地形地貌、地质、相邻环境及地下管线资料的主要内容有:

①地形地貌调查资料:包括工程建设的城市规划图或建设区域地形图,工程建设地点的地形图,水准点、控制桩的位置,现场地形、地貌特征,勘测高程、高差等。

②地质土壤实地调查资料:在勘察设计部门已有资料的基础上,施工单位应对施工现场的地质、土壤进行实地调查,作出必要的补充、核实,力求全面、准确。

③相邻环境及地下管线资料:包括在施工用地的区域内,一切地上原有建筑物、构筑物、道路、设施、沟渠、水井、树木、土堆、坟墓、土坑、水池、农田庄稼及电力通信杆线等;一切地下原有埋设物,包括地下沟道、人防工程、下水道、上下水管道、电力通信电缆管道、煤气及天然气管道、地下杂填垒积坑、枯井及孔洞等;是否可能有地下古墓、地下河流及地下水水位等。

(2)建设地区自然条件资料收集。包括气象资料及河流、地下水资料。

①气象资料。气象资料有气温、雨情、风情调查资料等。气温调查资料包括全年各月平均温度、最高与最低温度,5 ℃及0 ℃以下天数、日期等;雨情调查资料包括雨季时期,年、月降水量,雷暴雨天数及时期,日最大降水量等;风情调查资料包括全年主导风向及频率(风玫瑰图),大于8级风的天数、日期等。

②河流、地下水资料。包括河流位置与现场距离,洪水、平水、枯水时期及其水位,流量、流速、航道深度、水质等,附近是否有湖泊,地下水的最高与最低水位及其时期、水量、水质等。

(3)建设地区技术经济资料收集,主要收集内容有:

①地方建筑生产企业调查资料,包括混凝土制品厂、木材加工厂、金属结构厂、建筑设备修理厂、砂石公司和砖瓦灰厂等的生产能力、规格、质量、供应条件、运距及价格等。

②水泥、钢材、木材、特种建筑材料的品种、规格、质量、数量、供应条件、生产能力、价格等。

③地方资源调查资料,包括砂、石、矿渣、炉渣、粉煤灰等地方材料的质量、品种、数量等。

④交通运输条件调查资料,包括铁路、水路、公路、空运的交通条件、车辆条件、运输能力、码头设施等。

⑤水电供应能力调查资料,包括城市自来水、河流湖泊、地下水的供应能力或条件、管径、水量及水压、距离等,供电能力(电量、电压)、线路、线距等。

2)拆除障碍物

施工场地内的一切障碍物,无论是地上的或是地下的,都应在开工前拆除。这些工作一般是由建设单位来完成,有时委托施工单位来完成。如果由施工单位来完成这项工作,一定要事先摸清情况,尤其是在城市的老区内,由于原有建筑物和构筑物的情况复杂,而且通常资料不全,在拆除前需要采取相应的措施,防止发生事故。

以房屋拆除为例,一般平房只要把水源、电源截断后即可进行拆除,但都要与供水供电部门联系并办理手续后方可进行。

对自来水、污水、煤气、热力等管线的拆除,最好由专业公司进行。即使源头已截断,施工单位也要采取相应的措施,防止事故发生。

若场地内还有树木,需报请园林部门批准后方可砍伐。拆除障碍物后,留下的碴土等杂物都应运出场外。运输时,应遵守交通、环境保护部门的有关规定。运输车辆要按指定的通行路线和时间行驶,并采用封闭运输车或在碴土上洒水、覆盖,以免碴土飞扬污染环境。运输车辆的轮胎,在上道前应打扫干净。

3)三通一平

我们通常把施工现场的"水通、电通、路通"简称为"三通",把平整场地工作称为"一平"。

地上、地下障碍物拆除后,即可进行场地平整工作。场地的标高,应根据设计的场地标高,同时要充分考虑场地的排水并结合今后施工的需要确定。平整场地可视情况采用机械或者人工平整的方法。

场地平整后,就可按施工总平面图确定的位置来进行供水、排水、供电线路的敷设以及临时道路的修筑;然后按供电、供水、市政、交通部门的有关规定办完手续,接通源头,至此便实现了"三通"。无论是水、电管线还道路,都应尽可能多地利用永久性工程。凡是拟建工程的管线、道路,有能为施工利用的都应首先敷设。为了避免永久性道路的路面在施工中损坏,也可先做路基作为施工阶段的临时道路,在交工前再做路面。

有些建设工程进一步要求达到"七通一平"的标准,即通给水、排水、供电、供热、供气、电讯、道路和平整场地。

4)测量放线

测量放线的任务是把图纸上设计好的建筑物、构筑物及管线等测设到地面上或实物上,并用各种标志表现出来,以作为施工的依据。其工作的进行一般是在土方开挖之前,根据施工场地内高程坐标控制网或高程控制点来实现。这些网点的设置应视范围的大小和控制的精度而定。在测量放线前,应做好以下几项准备工作:

(1)对测量仪器进行检验和校正。对所用的全站仪、经纬仪、水准仪、钢尺、水准尺等应进行校验。

(2)通过设计交底,了解工程全貌和设计意图,掌握现场情况和定位条件、主要轴线尺寸的相互关系,以及地上、地下的标高以及测量精度要求。

在熟悉施工图纸的过程中,应仔细核对图纸尺寸,对轴线尺寸、标高是否齐全以及边界尺寸要特别注意。

(3)校核红线桩与水准点。建设单位提供的由城市规划勘测部门给出的建筑红线,在法律上起着建筑边界用地的作用。在使用红线桩前要进行校核,施工过程中要保护好桩位,以便将它作为检查建筑物定位的依据。水准点同样要求校测和保护。红线或水准点经校测发现问题,应提请建设单位处理。

(4)制订测量放线方案。根据设计图纸的要求和施工方案,制订切实可行的测量放线方案,主要包括平面控制、标高控制、±0.00 以下施工测量、±0.00 以上施工测量、沉降观测和竣工测量等项目。

建筑物定位放线是确定整个工程平面位置的关键环节,施测中必须保证精度,杜绝错误,否则其后果将难以处理。建筑物定位放线,一般通过设计图中平面控制轴线来确定建筑物的四廓位置,测定并经自检合格后,提交有关部门或甲方(或监理人员)验线,以保证定位的准确性。沿红线建的建筑物放线后,还要由城市规划部门验线,以防止建筑物压线或超红线,为正常顺利施工创造条件。

5)临时设施的搭设与修筑

所有宿舍、食堂、办公、仓库、作业棚、临时的水电管线等的搭设以及临时道路等的修筑,其数量、标准及位置均应按批准图纸来搭建,不得乱搭乱建。如果永久性工程有可能作为施工用房,则应优先安排施工,充分加以利用,减少临时设施。现场生活和生产用的临时设施,在布置和安排时,要遵照当地有关规定进行划分布置,如房屋的间距、标准是否符合卫生和防火要求,污水和垃圾的排放是否符合环境要求等。因此,临建平面布置图及主要房屋结构图,都应报请城市规划、市政、消防、交通、环境保护等有关部门审查批准。特别注意的是,临时设施的搭设与修筑,应考虑先生产后生活的要求以及尽可能地利用永久性设施。

（二）施工技术管理

为保证工程质量目标,必须重视施工技术。施工技术管理就显得非常重要,施工管理必须按规定做好施工技术管理工作。

1.设计交底与图纸会审

设计交底由建设单位负责组织,由设计单位向施工单位和承担施工阶段监理任务的监理单位等相关参建单位进行交底。图纸会审由建设单位组织施工单位、监理单位、设计单位等相关的参建单位参加。

设计交底与图纸会审的通常做法是,设计文件完成后,设计单位将设计图纸移交建设单位,建设单位发给承担施工监理的监理单位和施工单位。由建设单位负责组织参建各方进行图纸会审,并整理成会审问题清单,在设计交底前一周交设计单位。设计交底一般以会议形式进行,先进行设计交底,由设计单位介绍设计意图、结构特点、施工要求、技术措施和有关注意事项,后转入图纸会审问题解释,通过设计、监理、施工三方或参建多方研究协商,确定图纸存在的各种技术问题的解决方案。设计交底应在施工开始前完成。

图纸会审的主要内容有:

（1）设计图纸与说明是否齐全,有无分期供图的时间表;

（2）设计地震烈度是否符合当地要求;

（3）几个设计单位共同设计的图纸相互间有无矛盾,专业图纸之间、平立剖面图之间有无矛盾;

（4）总平面图与施工图的几何尺寸、平面位置及标高等是否一致;

（5）防火、消防是否满足要求;

（6）建筑结构与各专业图纸是否有矛盾,结构图与建筑图尺寸是否一致;

（7）建筑图、结构图、水电施工图表达是否清楚,是否符合制图标准;

（8）材料来源有无保证,能否代换,施工图中所要求的新材料、新工艺应用有无问题;

（9）工艺管道、电器线路、设备装置等布置是否合理;

（10）施工安全、环境卫生有无保证。

2.编制施工组织设计

在施工之前,对拟建工程对象从人力、资金、施工方法、材料、机械5个方面,在时间、空间上作科学合理的安排,使施工能安全生产、文明施工,从而达到优质、低耗地完成建筑产品,这种用来指导施工的技术经济文件称为施工组织设计。施工组织设计按用途不同,分为标前施工组织设计和标后施工组织设计。其中,标前施工组织设计为投标前编制的施工组织设计,标后施工组织设计是签订合同后编制的施工组织设计。因此,标前施工组织设计由公司经营部门编制,标后施工组织设计由施工项目部门编制。

3.作业技术交底

1）作业技术交底的作用

施工承包单位做好技术交底,是取得好的施工质量的条件之一。为此,每一分项工程开始实施前均要进行交底。作业技术交底是对施工组织设计或施工方案的具体化,是更细致、明确、更加具体的技术实施方案,是工序施工或分项工程施工的具体指导文件。技术交底的内容包括施工方法、质量要求、验收标准、施工过程中需注意的问题和可能出现意外的措施及应急方案。技术交底在紧紧围绕和具体施工有关的操作者、机械设备、使用的材料、构配件、工艺、工法、施工环境、具体管理措施等方面进行,交底要明确做什么、谁来做、如何做、作业标准和要求、什么时间完成等问题。

2)作业技术交底的种类

施工企业的作业技术交底一般分三级,即公司技术负责人对工区技术交底、工区技术负责人对施工队技术交底和施工队技术负责人对班组工人技术交底。施工现场的作业技术交底主要是施工队技术负责人对班组工人技术交底,是技术交底的核心。其内容主要有:

(1)施工图的具体要求。包括建筑、结构、水、暖、电、通风等专业的细节。例如,设计要求中的重点部位的尺寸、标高、轴线,预留孔洞、预埋件的位置、规格、大小、数量等,以及各专业、各图样之间的相互关系。

(2)施工方案实施的具体技术措施、施工方法。

(3)所有材料的品种、规格、等级及质量要求。

(4)混凝土、砂浆、防水、保温等材料或半成品的配合比和技术要求。

(5)按照施工组织的有关事项,说明施工顺序、施工方法、工序搭接等。

(6)落实工程的有关技术要求和技术指标。

(7)提出质量、安全、节约的具体要求和措施。

(8)设计修改、变更的具体内容和应注意的关键部位。

(9)成品保护项目、种类、办法。

(10)在特殊情况下,应知应会应注意的问题。

3)技术交底的方式

施工现场技术交底的方式主要有书面交底、会议交底、口头交底、挂牌交底、样板交底及模型交底等,每种方式的特点及适用范围见表4.1。

表4.1 交底方式及特点

交底方式	特点及适用
书面交底	把交底的内容写成书面形式,向下一级有关人员交底。交底人与接受人在弄清交底内容以后,分别在交底书上签字。接受人根据此交底,再进一步向下一级落实交底内容。这种交底方式内容明确,责任到人,事后有据可查。因此,交底效果较好,是一般工地最常用的交底方式
会议交底	通过召集有关人员举行会议,向与会者传达交底的内容。对多工种同时交叉施工的项目,应将各工种有关人员同时集中参加会议,除各专业技术交底外,还要把施工组织者的组织部署和协作意图交代给与会者。会议交底除了会议主持人能够把交底内容向与会者交底外,与会者也可以通过讨论、问答等方式对技术交底的内容予以补充、修改、完善
口头交底	适用于人员较少、操作时间短、工作内容较简单的项目
挂牌交底	将交底的内容、质量要求写在标牌上,挂在施工现场。这种方式适用于操作内容固定、操作人员固定的分项工程。例如,混凝土搅拌站常将各种材料的用量写在标牌上。这种挂牌交底方式,可使操作者抬头可见,时刻注意

续表

交底方式	特点及适用
样板交底	对于有些质量和外观感觉要求较高的项目,为使操作者对质量指标要求和操作方法、外观要求有直观的感性认识,可组织操作水平较高的工人先做样板,其他工人现场观摩,待样板做成且达到质量和外观要求后,供他人以此为样板施工。这种交底方式通常在装饰质量和外观要求较高的项目上采用
模型交底	对技术较复杂的设备基础或建筑构件,为使操作者加深理解,常做成模型进行交底

4. 质量控制点的设置

1)质量控制点的概念

质量控制点是指为了保证作业过程质量而确定的重点控制对象、关键部位或薄弱环节。设置质量控制点是保证达到施工质量要求的必要前提,在拟订质量控制工作计划时,应予以详细地考虑,并以制度来保证落实。对质量控制点,一般要事先分析可能造成质量问题的原因,再针对原因制定对策和措施进行预控。承包单位在工程施工前,应根据施工过程质量控制的要求,列出质量控制点明细表,表中详细地列出各质量控制点的名称或控制内容、检验标准及方法等,提交监理工程师审查批准后,在此基础上实施质量预控。

2)选择质量控制点的一般原则

可作为质量控制点的对象,涉及面广,它可能是技术要求高、施工难度大的结构部位,也可能是影响质量的关键工序、操作或某一环节。总之,不论是结构部位,还是影响质量的关键工序、操作、施工顺序、技术、材料、机械、自然条件、施工环境等均可作为质量控制点来控制。概括地说,应选择那些质量难度大、对质量影响大或者是发生质量问题时危害大的对象作为质量控制点。质量控制点应在以下部位选择:

(1)施工过程中的关键工序或环节以及隐蔽工程,如预应力结构的张拉工序、钢筋混凝土结构中的钢筋架立。

(2)施工中的薄弱环节,或质量不稳定的工序、部位或对象,如地下防水层施工。

(3)对后续工程施工或对后续工序质量,或安全有重大影响的工序、部位或对象,如预应力结构中的预应力钢筋质量、模板的支撑与固定等。

(4)采用新技术、新工艺、新材料的部位或环节。

(5)施工上无足够把握的、施工条件困难的或技术难度大的工序或环节,如复杂曲线模板的放样等。

显然,是否设置为质量控制点,主要视其质量特性影响的大小、危害程度以及其质量保证的难度大小而定。表4.2为建筑工程质量控制点设置的一般位置示例。

5. 技术复核工作

凡涉及施工作业技术活动基准和依据的技术工作,都应严格进行专人负责的复核性检查,以避免基准失误给整个工程带来难以补救的或全局性的危害。例如,工程的定位、轴线、标高,预留孔洞的位置和尺寸,预埋件位置,管线的坡度,混凝土配合比,变电、配电位置,高低压进出口方向、送电方向等。技术复核是承包单位履行的技术工作责任,其复核结果应报送监理工程师复验确认后才能进行后续相关的施工。监理工程师应把技术复验工作列入监理规划质量控制计划中,并看作一项经常性工作任务,贯穿于整个施工过程中。

表4.2　质量控制点的设置位置

分项工程	质量控制点
工程测量定位	标准轴线桩、水平桩、龙门板、定位轴线、标高
地基、基础 (含设备基础)	基坑(槽)尺寸、标高、土质、地基承载力,基础垫层标高,基础位置、尺寸、标高,预留孔洞、预埋件的位置、规格、数量,基础标高、杯底弹线
砌体	砌体轴线,皮数杆,砂浆配合比,预留孔洞、预埋件位置、数量,砌体排列
模板	位置、尺寸、标高,预埋件位置,预留孔洞尺寸、位置,模板强度及稳定性,模板内部清理及润湿情况
钢筋混凝土	水泥品种、强度等级,砂石质量,混凝土配合比,外加剂比例,混凝土振捣,钢筋品种、规格、尺寸、搭接长度,钢筋焊接,预留孔洞及预埋件规格、数量、尺寸、位置,预制构件吊装或出场(脱模)强度,吊装位置、标高、支承长度、焊接长度
吊装	吊装设备起重能力、吊具、索具、地锚
钢结构	翻样图、放大样
焊接	焊接条件、焊接工艺
装修	视具体情况而定

常见的施工测量复核有:

(1)民用建筑的测量复核:建筑物定位测量、基础施工测量、墙体皮数杆检测、楼层轴线检测、楼层间高层传递检测等。

(2)工业建筑测量复核:厂房控制网测量、桩基施工测量、柱模轴线与高程检测、厂房结构安装定位检测、动力设备基础与预埋螺栓检测。

(3)高层建筑测量复核:建筑场地控制测量、基础以上的平面与高程控制、建筑物的垂直检测、建筑物施工过程中沉降变形观测等。

(4)管线工程测量复核:管网或输配电线路定位测量、地下管线施工检测、架空管线施工检测、多管线交汇点高程检测等。

6. 隐蔽工程验收

隐蔽工程验收是指将被其后续工程(工序)施工所隐蔽的分项、分部工程,在隐蔽前所进行的检查验收。它是对一些已完分项、分部工程质量的最后一道检查,检查对象会被其他工程覆盖,给以后的检查整改造成障碍,故显得尤为重要。它是质量控制的一个关键过程。验收的一般程序如下:

(1)隐蔽工程施工完毕,承包单位按有关技术规程、规范、施工图纸先进行自检,自检合格后填写"报验申请表",附上相应的工程检查证(或隐蔽工程检查记录)及有关材料证明、试验报告、复试报告等,报送项目监理机构。

(2)监理工程师收到报验申请后,首先对质量证明资料进行审查,并在合同规定的时间内到现场检查(检测或核查),承包单位的专职质检员及相关施工人员应随同一起到现场检查。

(3)经现场检查,如符合质量要求,监理工程师在"报验申请表"及工程检查证(或隐蔽工程检查记录)上签字确认,准予承包单位隐蔽、覆盖,进入下一道工序施工。如经现场检查发现不合格,监理工程师签发"不合格项目通知",责令承包单位整改,整改后自检合格再报监理工程师复查。

7. 成品保护

1)成品保护的含义

所谓成品保护一般是指在施工过程中有些分项工程已经完成,而其他一些分项工程尚在施工,或者是在其分项工程施工过程中某些部位已完成,而其他部位正在施工,在这种情况下,承包单位必须负责对已完成部分采取妥善措施予以保护,以免由成品缺乏保护或保护不善而造成操作损坏或污染,影响工程整体质量。因此,承包单位应制订成品保护措施,使所完工程在移交之前保证完整、不被污染或损坏,从而达到合同文件规定的或施工图纸等技术文件所要求的移交质量标准。

2)成品保护的一般措施

根据需要保护的建筑产品的特点不同,可以分别对成品采取防护、包裹、覆盖、封闭等保护措施,以及合理安排施工顺序来达到保护成品的目的。

(1)防护。防护是针对被保护对象的特点采取的各种防护措施。例如,对清水楼梯踏步,可以采取护棱角铁上下连接固定;对进出口台阶,可垫砖或方木搭脚手板供人通过的方法来保护台阶;对门口易碰部位,可以钉上防护条或槽型盖铁保护;门扇安装后可加楔固定等。

(2)包裹。包裹是将被保护物包裹起来,以防损伤或污染。例如,对镶面大理石柱可用立板包裹捆扎保护;铝合金门窗可用塑料布包扎保护等。

(3)覆盖。覆盖是用表面覆盖的办法防止堵塞或损伤。例如,对地漏、落水口排水管等安装后可以覆盖,以防止异物落入而被堵塞;预制水磨石或大理石楼梯可用木板覆盖加以保护;地面可用锯末、苫布等覆盖,以防止喷浆等污染;其他需要防晒、保温养护等项目也应采取适当的防护措施。

(4)封闭。封闭是采取局部封闭的办法进行保护。例如,垃圾道完成后,可将其进口封闭起来,以防止建筑垃圾堵塞通道;房间水泥地面或地面砖完成后,可将该房间局部封闭,防止人们随意进入而损害地面;室内装修完成后,应加锁封闭,防止人们随意进入而受到损伤等。

(5)合理安排施工顺序。通过合理安排不同工作间的施工先后顺序,以防止后道工序损坏或污染已完施工的成品或生产设备。例如,采取房间内先喷浆或喷涂而后装灯具的施工顺序,可防止喷浆污染、损害灯具;先做顶棚、装修而后做地坪,也可避免顶棚及装修施工污染,损害地坪。

拓展与提高

建设工程文件资料管理

(一)建设工程文件

建设工程文件是指在工程建设过程中形成的各种形式的信息记录,包括工程准备阶段文件、监理文件、施工文件、竣工图和竣工验收文件。

(1)工程准备阶段文件,指工程开工前,在立项、审批、征地、勘察、设计、招投标等工程准备阶段形成的文件。

(2)监理文件,指监理单位在工程设计、施工等阶段监理过程中形成的文件。

(3)施工文件,指施工单位在工程施工过程中形成的文件。

(4)竣工图,指工程竣工验收后,真实反映建设工程项目施工结果的图样。

(5)竣工验收文件,指建设工程项目竣工验收活动中形成的文件。

(二)土建(建筑与结构)工程施工文件

(1)施工技术准备文件:包括施工组织设计、技术交底、图纸会审记录、施工预算的编制和审查、施工日志等。

(2)施工现场准备文件:包括控制网设置资料、工程定位测量资料、基槽开挖线测量资料、施工安全措施、施工环保措施。

(3)地基处理记录:包括地基钎探记录和钎探平面布点图、验槽记录和地基处理记录、桩基施工记录、试桩记录。

(4)工程图纸变更记录:包括设计会议会审记录、设计变更记录、工程洽商记录。

(5)施工材料预制构件质量证明文件及复试试验报告:包括砂、石、砖、水泥、钢筋、防水材料、隔热保温材料、防腐材料、轻集料试验汇总表;砂、石、砖、水泥、钢筋、防水材料、隔热保温材料、防腐材料、轻集料、焊条、沥青复试试验报告,预制构件(钢、混凝土)出厂合格证、试验记录;工程物资选样送审表;进场物资批次汇总表;工程物资进场报验表等。

(6)施工试验记录:包括土壤(素土、灰土)干密度及试验报告,砂浆配合比通知单,砂浆(试块)抗压强度试验报告,混凝土抗渗试验报告,商品混凝土出厂合格证,复试报告,钢筋接头(焊接)试验报告,防水工程试水检查记录,楼地面、屋面坡度检查记录,砂浆、钢筋连接、混凝土抗渗试验报告汇总表。

(7)隐蔽工程检查记录:包括基础和主体结构钢筋工程、钢结构工程、防水工程、高程控制等。

(8)施工记录:包括工程定位测量检查记录,预检工程检查记录,冬施混凝土搅拌温度记录,冬施混凝土养护测温记录,烟道、垃圾道检查记录,沉降观测记录,结构吊装记录,现场施工预应力记录,工程竣工测量,新型建筑材料,施工新技术等。

(9)工程质量事故处理记录。

(10)工程质量检验记录:包括检验批质量验收记录,分项工程质量验收记录,基础、主体工程验收记录,幕墙工程验收记录,分部(子分部)工程质量验收记录。

思考与练习

(一) 单项选择题

1. 施工场地内的障碍物拆除,一般是由( )来完成。

    A. 设计单位　　　　　B. 监理单位　　　　　C. 建设单位　　　　　D. 施工单位

2. 施工现场的作业技术交底主要是( ),是技术交底的核心。

    A. 公司法人对公司技术负责人技术交底

    B. 公司技术负责人对工区技术交底

    C. 工区技术负责人对施工队技术交底

    D. 施工队技术负责人对班组工人技术交底

3. 把交底的内容写成书面形式,向下一级有关人员交底。这种交底形式是( )。

    A. 书面交底　　　　　B. 口头交底　　　　　C. 会议交底　　　　　D. 挂牌交底

(二) 多项选择题

1. 因为( ),所以现场的项目管理必须实行严格的责任制度。

    A. 施工工作范围广　　　　　　　　　B. 涉及专业工种和专业人员多

    C. 现场情况复杂　　　　　　　　　　D. 施工周期长

2. 施工现场准备工作包括( )。

    A. 组织技术人员和工人　　　　　　　B. 收集资料

    C. 测量防线　　　　　　　　　　　　D. 临时设施的搭设与修筑

3. 图纸会审的内容包括( )。

    A. 施工单位资质是否符合合同要求

    B. 设计地震烈度是否符合当地要求

    C. 总平面图与施工图的几何尺寸、平面位置及标高等是否一致

    D. 建筑图、结构图、水电施工图表达是否清楚,是否符合制图标准

4. 作业技术交底( )。

    A. 是对施工组织设计或施工方案的具体化

    B. 是更细致、明确、具体的技术实施方案

    C. 是工序施工或分项工程施工的具体指导文件

    D. 由建设单位组织实施

5. 质量控制点应选择( )。

    A. 施工过程中的隐蔽工程

    B. 施工中的薄弱环节

    C. 采用新技术、新工艺、新材料的部位或环节

    D. 技术难度大的工序或环节

（三）判断题

1. 建设地区自然条件资料包括气象资料和河流、地下水资料。　　　　　（　　）
2. 对自来水、污水、煤气、热力等管线的拆除，最好由专业公司进行。　（　　）
3. 一般平房的拆除，可以不到供水供电部门办理手续，只要把水源、电源截断后即可进行拆除。　　　　　　　　　　　　　　　　　　　　　　　　　　　（　　）
4. 设计交底由建设单位负责组织，由设计单位向施工单位和承担施工阶段监理任务的监理单位等相关参建单位进行交底。　　　　　　　　　　　　　　　　　　　（　　）
5. 设计交底一般以会议形式进行，设计交底应贯穿施工全过程。　　　　（　　）
6. 监理工程师应把技术复验工作列入监理规划质量控制计划中，并看作一项经常性工作任务。　　　　　　　　　　　　　　　　　　　　　　　　　　　　　　　　（　　）

（四）问答题

1. 施工现场有哪些准备工作？
2. 何谓"三通一平""七通一平"？
3. 测量放线前应做好哪些准备工作？
4. 施工技术管理包括哪几个方面的工作？
5. 总结图纸会审的主要内容。
6. 技术交底包括哪些内容？
7. 选择质量控制点应遵循哪些原则？
8. 何谓隐蔽工程验收？
9. 简述隐蔽工程验收程序。
10. 为何要进行成品保护？成品保护有哪些措施？

任务三　掌握施工项目质量控制与验收

 任务描述与分析

　　质量问题是影响建筑物外观及使用功能的主要因素，直接决定了建筑施工企业经营结构和信誉度的提高。质量问题影响工程寿命和使用功能，增加工程维护量，浪费国家财力、物力和人力，给使用单位和人民的生活带来不便。例如，山西省临汾市襄汾县陶寺乡陈庄村聚仙饭店发生坍塌事故，造成 29 人死亡、28 人受伤。事后调查显示，该建筑所有者抱有侥幸心理，偷盖、加盖，为了节省开支，偷工减料，对房屋质量要求不高甚至违规降低质量标准，最终酿成不可挽回的结果。因此，对施工项目进行严格的质量控制和验收尤为重要。本任务的具体要求是掌握事前、事中和事后各施工工序质量控制基本知识，能严格按照工程质量验收标准开展质量验收工作。

知识与技能

施工质量控制
过程

（一）施工质量控制过程

施工质量控制包括施工准备阶段质量控制（事前控制）、施工阶段质量控制（事中控制）和竣工验收阶段质量控制（事后控制）3个过程。

1. 施工准备阶段质量控制

施工准备阶段质量控制是指项目正式施工活动开始前，对项目施工各准备工作及影响项目质量的各因素和有关方面进行的质量控制。

1）技术资料、文件准备的质量控制

（1）施工项目所在地的自然条件及技术经济条件调查资料。具体包括地形与环境条件、地质条件、地震级别、工程水文地质情况、气象条件以及当地水、电、能源供应条件，交通运输条件和材料供应条件等。

（2）施工组织设计。对施工组织设计要进行两个方面的控制：一是在选定施工方案后，在制订施工进度时，必须考虑施工顺序、施工流向以及主要分部分项工程的施工方法、特殊项目的施工方法和技术措施；二是在制订施工方案时，必须进行技术经济比较，使施工项目满足符合性、有效性和可靠性要求，不仅使施工工期短、成本降低，还可达到安全生产、效益提高的经济质量效益。

（3）质量控制的依据。国家及政府有关部门颁布的有关质量管理方面的法律、法规性文件及质量验收标准。

（4）工程测量控制资料。施工现场的原始基准点、基准线、参考标高及施工控制网等的数据资料，是施工之前质量控制的基础，这些数据资料是进行工程测量控制的重要内容。

2）设计交底和图纸审核的质量控制

（1）交底文件。工程施工前，由设计单位向施工单位有关技术人员进行设计交底，其主要内容包括：

①地形、地貌、气象、工程地质及水文地质等自然条件。

②施工图设计依据：初步设计文件、规划、环境等要求以及设计规范。

③设计意图：设计思想、设计方案比较、基础处理方案、结构设计意图、设备安装和调试要求、施工进度安排等。

④施工注意事项：对基础处理的要求，对建筑材料的要求，采用新结构、新工艺的要求，施工组织和技术保证措施等。

⑤交底后，由施工单位提出图纸中的问题和疑点，并结合工程特点提出要解决的技术难题。经双方协商研究，拟订出解决方案。

（2）图纸审核。图纸审核是设计单位和施工单位进行质量控制的重要手段，也是施工单位通过审查熟悉设计图纸，明确设计意图和关键部位的工程质量要求，发现和减少设计差错，保证工程质量的基本要求。图纸审核的主要内容包括：

①对设计者的资质进行认定；

②设计是否满足抗震、防火、环境卫生等要求；

③图纸与说明是否齐全；

④图纸中有无遗漏、差错或相互矛盾之处，图纸表示方法是否清楚，是否符合标准要求；

⑤地质及水文地质等资料是否充分、可靠；

⑥所需材料来源有无保证，能否代替；

⑦施工工艺、方法是否合理，是否切合实际，是否便于施工，能否保证质量要求；

⑧施工图及说明书中涉及的各种标准、图册、规范和规程等，施工单位是否具备。

3) 材料、构配件的采购质量控制

采购质量控制主要包括对采购产品及其供货方的质量控制。

采购物资应符合设计文件、标准、规范、规程、相关法规及承包合同要求，如果项目部另有附加的质量要求，也应予以满足。采购质量控制应注重采购要求、采购产品验证两个方面。

（1）采购要求。采购要求包括以下4个方面：

①有关产品的质量要求或外包服务要求；

②有关产品提供的程序性要求；

③对供方人员资格的要求；

④对供方质量管理体系的要求。

（2）采购产品验证。采购产品验证应注意以下两个方面：

①对采购产品的验证有多种方式，如在供方现场检验、进货检验、检查供方提供的合格证据等。应根据不同产品或服务的验证要求，规定验证的主管部门及检验方式，并严格执行。

②当顾客拟在供方现场实施验证时，应在采购要求中事先作出规定。

4) 质量教育与培训

通过教育培训和其他措施提高员工的能力，增强质量意识，使员工符合所从事的质量工作的要求。

项目领导班子应着重进行以下4个方面的培训：

①质量意识教育；

②充分理解和掌握质量方针和目标；

③质量管理体系有关方面的内容；

④质量保持和持续改进意识。

可以通过面试、笔试、实际操作等方式检查培训的有效性，应保留员工的教育、培训及技能认可的记录。

2. 施工阶段质量控制

1) 技术交底质量控制

按照工程重要程度，单位工程开工前，应由企业和项目技术负责人向承担施工的负责人或分包人进行全面技术交底。各分项工程施工前，应由项目技术负责人向参加该项目施工的所有班组和配合工种进行交底。

技术交底的主要内容包括图纸交底、施工组织设计交底、分项工程技术交底和安全交底

等。交底的形式有书面、口头、会议、挂牌、样板、示范操作等。

2）测量质量控制

（1）对有关部门提供的原始基准点、基准线和参考标高等的测量控制点应做好复核工作，经审核批准后，才能进行后续相关工序的施工。

（2）施工测量控制网的复测。及时保护好已测定的场地平面控制网和主轴线的桩位，它是待建项目定位的主要依据，是保证整个施工测量精度、保证工程质量及工程项目顺利进行的基础。因此，在复测施工测量控制网时，应抽检建筑方格网、控制标高的水准网点以及标桩埋设位置等。

（3）民用建筑的测量复核。

①建筑定位测量复核：建筑定位就是把房屋外廓的轴线交点标定在地面上，然后根据这些交点测设房屋的细部。

②基础施工测量复核：除了包括基础开挖前所放灰线的复核，还包括当基槽挖到一定深度后，在槽壁上所设的水平桩的复核。

③皮数杆检测：当基础与墙体用砖砌筑时，为控制基础及墙体标高，要设置墙体皮数杆。

④楼层轴线检测：在多层建筑墙体砌筑过程中，为保证建筑物轴线位置不偏移，在每层楼板中心线均测设长线 1~2 条，短线 2~3 条。只有轴线经校核合格后，方可进行下道工序的施工。

⑤楼层间标高传递检测：多层建筑施工中，标高应由下层楼板向上层逐层传递，以便使楼板、门窗、室内装修等工程的标高符合设计要求。标高经校核合格后，方可施工。

（4）工业建筑的测量复核。

①工业厂房控制网测量：工业厂房规模大、设备复杂，对厂房内部各柱列轴线及设备基础轴线之间的相互位置有较高的精度要求。有些厂房在现场还要进行预制构件安装，为保证各构件之间的相互位置符合设计要求，对厂房主轴线、矩形控制网、柱列轴线进行复核是必不可少的工序。

②柱基施工测量：包括基础定位、基坑放线与抄平、基础模板定位等。

③柱子安装测量：按安装柱子的平面位置和高程安装要求，对柱子安装的杯口中心投点和杯底标高进行全面彻底检查，发现偏差及时调整。柱子插入杯口后，要进行进一步的竖直校正。

④吊车梁安装测量：为保证吊车梁中心位置和梁面标高满足设计要求，在吊车梁安装前应检查吊车梁中心线位置、梁面标高及牛腿面标高，确保准确无误后才能进行施工。

⑤设备基础与预埋螺栓检测：设备基础施工程序有两种，一种是在厂房柱基和厂房部分建成后才进行设备基础施工；另一种是厂房柱基和设备基础同时施工。

对大型设备基础中心线较多时，为防止产生错误，应在定位前绘制中心线测设图，并将全部中心线及地脚螺栓组中心线统一编号标注于图上。

为使地脚螺栓的位置及标高符合设计要求，必须绘制地脚螺栓图，并附地脚螺栓标高表，标注螺栓号码、数量、螺栓标高和混凝土地面标高。

以上工序在施工前必须进行复检。

（5）高层建筑测量复核。高层建筑的场地控制测量、基础以上的平面与高程控制，与一般民用建筑大体相同。对建筑物垂直度及施工过程中变形缝的检测是控制的重点，不得超过规定要求。在高层建筑施工中,需要定期进行沉降变形观测,发现问题及时采取措施,确保建筑物的安全。

3)材料质量控制

(1)对供货方质量保证能力进行评定原则包括:

①材料供应的表面状况,如材料质量、交货期等。

②供货方质量管理体系对满足如期交货的能力。

③供货方的顾客满意程度。

④供货方交付材料之后的服务和支持能力。

⑤其他因素,如价格、履约能力等方面的条件。

(2)要建立材料管理制度,减少材料损失和变质。对材料的采购、加工、运输、储存通过建立管理制度,优化材料的周转,减少不必要的材料损耗,最大限度地降低工程成本。

(3)要对原材料、半成品和构配件进行标志。进入施工现场的原材料、半成品、构配件应按型号、品种分区堆放,予以标志;对有防湿、防潮要求的材料,要有防雨、防潮措施,并有标志;对容易损坏的材料、设备,要采取必要的保护措施作好防护;对有保质期要求的材料,要定期检查,以防过期,并作好标志。

(4)要加强材料检查验收。对工程的主要材料,进场时必须配备正确的出厂合格证和材料化验单。凡标志不清或认为质量有问题的材料,要进行重新检验,确保质量。未经检验和验收不合格的原材料、半成品、构配件以及工程设备不能投入使用。

(5)材料质量抽样和检验方法。材料质量抽样应按规定的部位、数量及采选的操作要求进行。材料质量的检验项目分为一般试验项目和其他试验项目。材料质量检验方法有书面检验、外观检验、理化检验和无损检验等。

4)机械设备质量控制

(1)机械设备的使用形式。包括自行采购、租赁、承包和调配等。

(2)注意机械配套。机械配套有两层含义:一是一个工种的全部过程和作业环境的配套;二是主导机械与辅助机械在规格、数量和生产能力上的配套。

(3)机械设备的合理使用。按照要求正确操作,是保证项目施工质量的重要环节。应贯彻人机固定原则,实行定机、定人、定岗位责任的"三定"制度。

(4)机械设备的保养与维修。保养分为例行保养和强制保养。例行保养的主要内容有:保持机械的清洁、检查运转情况、防止机械腐蚀和按技术要求润滑等。强制保养是按照一定周期和内容分级进行保养。

5)环境质量控制

随着经济的高速增长,环境问题严重地威胁着人类的健康生存和社会的可持续发展。项目组织也要重视自己的环境表现和环境形象,用系统化的方法规范其环境管理活动,社会可持续发展也对企业提出新的要求。

环境管理体系是整个管理体系的一个组成部分,包括为制订、实施、实现、评审和保持环境方针所需的组织结构、计划活动、职责、惯例、程序、过程和资源。

6)计量质量控制

施工中的计量工作,包括施工生产时的投料计量、施工测量监测计量以及对项目、产品或过程的测试检验和分析计量等。

计量控制的主要任务是统一计量单位制度,组织量值传递,保证量值的统一。这些工作有利于控制施工生产工艺过程,完善施工生产技术水平,提高施工项目的整体效益。因此,计量不仅是保证施工项目质量的重要手段和方法,同时也是施工项目开展质量管理的一项重要基础工作。

为做好计量工作,应抓好以下几项工作:
①建立计量管理部门和配备计量人员;
②建立健全和完善计量管理的规章制度;
③积极开展计量意识教育,完善监督机制;
④严格按照有效计量器具使用、保管和检验。

7)工序质量控制

工序也称为"作业"。工序是工程项目建设过程的基本环节,也是组织生产过程的基本单位。一道工序,是指一个(或一组)工人在一个工作地对一个(或几个)劳动对象(工程、产品、构配件)所完成的一切连续活动的总和。

工序质量是指工序过程的质量。对于现场工人来说,工作质量通常表现为工序质量。一般来说,工序质量是指工序的成果符合设计、工艺(技术标准)要求,符合规定的程序。人、材料、机械、方法和环境5种因素对工序质量有不同程度的直接影响。

工序管理的实质是工序质量控制,即确保工序处于稳定受控状态。

8)工程变更质量控制

(1)工程变更的含义。对施工项目任何形式上、质量上、数量上的实质性变动,都称为工程变更。它既包括工程具体项目的改动,也包括合同文件内容的某种改动。

(2)工程变更的范围。主要包括以下几个方面:
①设计变更:其原因主要是投资者对投资规模的改变导致变更,是对已交付的设计图纸提出新的设计要求,需要对原设计进行修改。
②工程量的变动:工程量清单中工程量的增加或减少。
③施工时间的变更:对已批准的承包商施工进度计划中安排的施工时间或工期的变动。
④施工合同文件变更。
⑤施工图的变更。
⑥承包商提出修改设计的合理化建议,节约价值而引起的变更分配。
⑦由于不可抗力或双方事先未能预料而无法防止的事件发生,允许进行合同变更。

(3)工程变更控制。工程变更可能导致项目工期、成本以及质量的改变,对工程变更必须进行严格的管理和控制。

在工程变更控制中,应考虑以下4个方面:
①注意控制和管理那些能够引起工程变更的因素和条件;
②分项论证各方面提出的工程变更要求的合理性和可行性;
③当工程变更时,应对其进行严格的跟踪管理和控制;
④分项工程变更而引起的风险,并采取必要的防范措施。

3.竣工验收阶段质量控制

验收标准将建筑工程质量验收划分为单位工程质量验收、分部工程质量验收、分项工程质量验收和检验批质量验收4个部分。

单位工程质量验收也称为质量竣工验收,是建筑工程投入使用前的最后一次验收,也是最重要的一次验收。

验收合格的条件有5个:除构成单位工程的各分部工程应该验收合格、质量控制资料应完整两个方面外,还须进行以下3个方面的验收:

①所含分部工程中有关安全、节能、环境保护和主要使用功能的检验资料应查验合格;

②主要使用功能的抽检结果要符合相关专业验收规范的规定;

③观感质量应符合要求。

1)技术资料的整理

技术资料,特别是永久性技术资料,是施工项目进行竣工验收的主要依据,也是项目施工情况的重要记录。因此,技术资料的整理必须符合国家有关规定及规范要求,做到准确、齐全,能够满足建设工程进行维修、改造、扩建时的需要。其主要内容如下:

①施工项目开工报告;

②施工项目竣工报告;

③图纸会审和设计交底记录;

④设计变更通知单;

⑤技术变更审定单;

⑥工程质量事故发生后调查和处理资料;

⑦水准点位置、定位测量记录、沉降及位移观测记录;

⑧材料、设备、构件的质量合格证明资料;

⑨试验、检验报告;

⑩隐蔽工程验收记录及事故日志;

⑪竣工图;

⑫质量验收评审资料;

⑬工程竣工验收资料。

监理工程师应对上述技术资料进行严格审查,并请建设单位及有关人员对技术资料进行检查验证。

2)施工质量缺陷的处理

对工程质量缺陷,可采用4种常见的处理方案,即修补处理、返工处理、限制使用、不做处理。

(1)修补处理。当工程的某些部位的质量虽未达到规定的规范、标准或设计要求,存在一定的缺陷,但经过修补后还可以达到标准的要求,在不影响使用功能或外观要求的情况下,可以做出修补处理的决定。

(2)返工处理。当工程质量未达到规定的标准或要求,有十分严重的质量问题,对结构的使用和安全都将产生重大影响,而又无法通过修补办法给予纠正时,可以做出返工处理的决定。

（3）限制使用。当工程质量缺陷按修补方式处理不能达到规定的使用要求和安全,而又无法返工处理的情况下,不得已时可以做出结构卸荷、减荷以及限制使用的决定。

（4）不做处理。某些工程质量缺陷虽不符合规定的要求或标准,但其情况不严重,经过分析、论证和慎重考虑后,可以做出不做处理的决定。具体分为以下3种情况:

①不影响结构安全和正常使用要求;

②经过后续工序可以修补的不严重的质量缺陷;

③经复核验算,仍能满足设计要求的质量缺陷。

3）工程竣工文件的编制和移交准备

（1）项目可行性研究报告,项目立项批准书,土地、规划批准文件,设计任务书,初步（或扩大初步）设计,工程概算等。

（2）竣工资料整理,绘制竣工图,编制竣工决算。

（3）竣工验收报告,建设项目总说明,技术档案建立情况,建设情况,效益情况,存在和遗留问题等。

（4）竣工验收报告书的主要附件:竣工项目概况一览表,已完单位工程一览表,已完设备一览表,应完未完设备一览表,竣工项目财务决算综合表,概算调整与执行情况一览表,交付使用（生产）单位财产总表及交付使用（生产）财产一览表,单位工程质量汇总项目（工程）总体质量评价表。

施工项目交接是在工程质量验收之后,由承包单位向业主进行移交项目所有权的过程。施工项目移交前,施工单位要负责编制竣工结算书,并将成套工程技术资料进行分类整理,编目建档。

4）产品防护

竣工验收期要定人定岗,采取有效的防护措施,保护已完工程,发生损坏时应及时补救。设备、设施未经允许不得擅自启用,保证设备设施符合项目使用要求。

5）撤场计划

工程交工后,项目经理部应编制完整的撤场计划。其内容主要包括施工机械、暂设工程、建筑弃土和剩余构件的撤离计划,场清地平;有绿化要求的,达到树活草青。

（二）施工作业过程的质量控制

施工作业过程的质量控制,即是对各道工序的施工质量控制。

1. 施工工序质量控制的内容

（1）作业技术交底:施工方法、作业技术要领、质量要求、验收标准和施工过程中需注意的问题。

（2）检查施工工序（程序）的合理性、科学性:施工总体流程、施工作业的先后顺序,应坚持先准备后施工、先地下后地上、先深厚浅、先土建后安装和先验收后交工等。

（3）检查工序施工条件:水、电动力供应,施工照明,安全防护设备,施工场地空间条件和通道,使用的工具、器具,使用的材料和构配件等。

（4）检查工序施工中,人员操作程序、操作方法和操作质量是否符合质量规程要求。

（5）对工序和隐蔽工程进行验收。

（6）经验收合格的工序方可准予进入下一道工序的施工。反之，不得进入下一道工序施工。

2. 施工工序质量控制的要求

（1）坚持预防为主。事先分析并找出影响工序质量的主导因素，提前采取措施加以重点控制，使质量问题消灭在发生之前或萌芽状态。

（2）进行工序质量检测。利用一定的方法和手段，对工序操作及其完成的可交付成果的质量进行检查、测定，并将实测结果与操作规程、技术标准进行比较，从而掌握施工质量情况。具体的检查方法为工序操作、质量巡查、抽查及重要部位的跟踪检查。

（3）按目测、实测及抽样试验程序，对工序产品、分项工程作出合格与否的判断。

（4）对合格工序产品应及时提交监理，经确认合格后予以签字验收。

（5）完善质量记录资料。质量记录资料主要包括各项检查记录、检测资料及验收资料。质量记录资料应真实、齐全、完整，它既可作为工程质量验收的依据，也可为工程质量分析提供可追溯的依据。

3. 施工工序质量检查

1）质量检查的内容

（1）开工前检查。主要检查工程项目是否具备开工条件，开工后能否连续正常施工，能否保证工程质量。

（2）工序交接检查。对重要的工序或对工程质量有重大影响的工序，在自检、互检的基础上，还要组织专职人员对工序进行交接检查。

（3）隐蔽工程检查。凡是隐蔽工程均应检查认证后方能掩盖。

（4）停工后复工前的检查。因处理工程项目质量问题或由于某种原因停工后需复工时，也应经检查认可后方能复工。

（5）分项、分部工程完工后，需经过检查认可，签署验收记录后，才能进行下一阶段施工项目施工。

（6）成品保护检查。检查成品有无保护措施，或保护措施是否可靠。

此外，还应经常深入现场，对施工操作质量进行巡视检查。必要时，还应进行跟班或追踪检查，以确保工序质量满足工程需要。

2）质量检查的方法

现场进行质量检查的方法主要有目测法、实测法和试验法3种。

（1）目测法。其手段可归纳为看、摸、敲、照4个字。

①看，就是根据质量标准进行外观目测。

②摸，就是通过触摸手感检查，主要用于装饰工程的某些检查项目。

③敲，是运用工具进行声感检查。对地面工程、装饰工程中的水磨石、面砖、锦砖和大理石贴面等，均应进行敲击检查。通过声音的虚实确定有无空鼓，还可根据声音的清脆和沉闷，判定属于面层空鼓或底层空鼓。

④照，对难以看到或光线较暗的部位，则可采用人工光源或反射光照射的方法进行检查。

（2）实测法。通过实测数据或施工规范及质量标准所规定的允许偏差对照，以此判别工程质量是否合格。实测检查法的手段，可归纳为靠、吊、量、套4个字。

①靠，用直尺、塞尺检查墙面、地面、屋面等的平整度。

②吊，用托线板以线锤吊线检查垂直度。

③量，用测量工具和计量仪表等检查断面尺寸、轴线、标高、湿度和温度等的偏差。

④套，以方尺套方，辅以塞尺检查。

（3）试验检查。即必须通过试验手段，才能对质量进行判断的检查方法。

（三）建筑工程施工质量验收

《建筑工程施工质量验收统一标准》（GB 50300—2013）坚持了"验评分离、强化验收、完善手段、过程控制"的指导思想，将有关建筑工程的施工及验收规范和工程质量检验评定标准合并，组成新的工程质量验收规范体系，形成了统一的建筑工程施工质量验收方法、质量标准和程序。

在施工项目管理过程中，进行施工项目质量的验收，是施工项目质量管理的重要内容。项目经理应根据合同和设计图纸的要求，严格执行国家颁发的有关施工项目质量验收标准，及时配合监理工程师、质量监督站等有关人员进行质量评定，按照操作规程办理竣工交接手续。施工项目质量验收程序是按分项工程、分部工程、单位工程依次进行的，施工项目质量等级只有"合格"，不合格的项目一律不予验收。

1.基本规定

1）建立质量责任制

施工单位应建立质量责任制，确定施工项目的项目经理、技术负责人和施工管理负责人的岗位职责，将质量责任逐级落实到人。施工单位对所有建设工程的施工质量负责。

施工现场质量管理检查记录应由施工单位填写，然后由总监理工程师（或建设单位项目负责人）检查并作出检查结论。

施工单位应具有健全的质量管理体系，其可以将影响质量的技术、管理、组织、人员和资源等因素综合在一起，在质量方针的指引下，为达到质量目标而相互配合。

2）施工质量控制的资源方面

（1）建筑工程使用的主要材料、半成品、成品、建筑构配件、器具和设备应进行现场验收。凡涉及安全、功能的有关产品，应按各专业工程质量验收规范规定进行复验，并经监理工程师（或建设单位技术负责人）检查认可。

（2）各工序应按施工技术标准进行质量控制，每道工序完成后，应进行检查。

（3）相关各专业工种之间，应进行交接检查，并形成记录。未经监理工程师（或建设单位技术负责人）检查认可，不得进行下道工序施工。

3）建筑工程质量验收的基本要求

（1）建筑工程施工质量应符合《建筑工程施工质量验收统一标准》（GB 50300—2013）和相关专业验收规范的规定；

（2）建筑工程施工应符合工程勘察、设计文件的要求；

(3)参加工程施工质量验收的各方人员应具备规定的资格;

(4)工程质量的验收均应在施工单位自行检查评定的基础上进行;

(5)隐蔽工程在隐蔽前,应由施工单位通知有关单位进行验收,并应形成验收文件;

(6)涉及结构安全的试块、试件以及有关材料,应按规定进行见证取样检测;

(7)检验批的质量应按主控项目和一般项目验收;

(8)对涉及结构安全和使用功能的重要分部工程应进行抽样检测;

(9)承担见证取样检测及有关结构安全检测的单位应具有相应资质;

(10)工程的观感质量应由验收人员通过现场检测,并应共同确认。

4)检验批质量检测抽样方案

(1)计量、计数或计量-计数等抽样方案;

(2)一次、二次或多次抽样方案;

(3)根据生产连续性和生产控制稳定性情况,可采用调整型抽样方案;

(4)对重要的检验项目,当可以采用简易快速的检验方法时,可选用全数检验方案;

(5)经实践检验有效的抽样方案。

2.工程质量验收的项目划分

对工程质量的验收,一般划分为检验批、分项工程、分部工程和单位工程。现就建筑工程的质量验收项目划分方法阐述如下。

(1)建筑工程质量验收应划分为单位(子单位)工程、分部(子分部)工程、分项工程和检验批。

(2)单位工程的划分应按下列原则确定:

①具备独立施工条件、具有独立的设计文件,并能形成独立使用功能的建筑物及构筑物为一个单位工程。

②建筑规模较大的单位工程,可将其能形成独立使用功能的部分作为一个子单位工程。

(3)分部工程的划分应按下列原则进行:

①分部工程的划分应按专业性质、建筑部位确定。

②当分部工程较大或较复杂时,可按材料种类、施工特点、施工顺序、专业系统及类别等划分为若干子分部工程。

(4)分项工程应按主要工种、材料、施工工艺和设备类别等进行划分。

(5)分项工程可以划分成一个或若干检验批进行验收。检验批可根据施工质量控制和专业验收需要,按楼层、施工段和变形缝等进行划分。

(6)室外工程可根据专业类别和工程规模划分单位(子单位)工程。

3.建筑工程质量验收合格标准

1)检验批合格规定

检验批合格质量应符合下列规定:

(1)主控项目和一般项目的质量经抽样检验合格;

(2)具有完整的施工操作依据和质量检查记录。

检验批是工程验收的最小单位,是分项工程乃至整个建筑工程质量验收的基础。检验批是施工过程中条件相同且具有一定数量的材料、构配件或安装项目,由于其质量基本均匀一致,因此可以作为检验的基础单位。

检验批质量合格的条件包括两个方面:一是资料完整;二是主控项目和一般项目符合检验规定要求。

检验批的质量合格主要取决于对主控项目和一般项目的检验结果。主控项目是对检验批的基本质量起决定性影响的检验项目,因此必须全部符合有关专业工程验收规范的规定。

2)分项工程合格规定

分项工程质量验收合格应符合下列规定:

(1)分项工程所含的检验批均应符合合格质量的规定;

(2)分项工程所含的检验批的质量验收记录应完整。

3)分部工程合格规定

分部(子分部)工程质量验收合格应符合下列规定:

(1)分部(子分部)工程所含分项工程的质量均验收合格;

(2)质量控制资料完整;

(3)地基与基础、主体结构和设备安装等分部工程有关安全及使用功能的检验和抽样检测结果符合有关规定;

(4)观感质量验收应符合要求。

4)单位工程合格规定

单位(子单位)工程质量验收合格应符合下列规定:

(1)单位(子单位)工程所含分部(子分部)工程的质量均应验收合格;

(2)质量控制资料完整;

(3)单位(子单位)工程所含分部工程有关安全和使用功能的检测资料应完整;

(4)主要功能项目的抽查结果应符合相关专业质量验收规范的规定;

(5)观感质量验收应符合要求。

5)建筑工程质量处理规定

建筑工程质量不符合要求时,应按下列规定进行处理:

(1)经返工重做或更换器具、设备的检验批,应重新进行检验;

(2)经有资质的检测单位检测鉴定能够达到设计要求的检验批,应予以验收;

(3)经有资质的检测单位检测鉴定没达到设计要求,但经原设计单位核算认可能够满足结构安全和使用功能的检验批,可予以验收;

(4)经返修或加固处理的分项、分部工程,虽然改变外形尺寸,但仍能满足安全使用要求,可按技术处理方案和协商文件进行验收;

(5)通过返修和加固处理仍不能满足使用要求的分部工程、单位(子单位)工程,严禁验收。

4.建筑工程质量验收程序和组织

1)检验批及分项工程

检验批及分项工程应由监理工程师(或建设单位项目技术负责人)组织施工单位项目专业质量(技术)负责人等进行验收。

　　检验批和分项工程是建筑工程质量的基础。因此,所有检验批和分项工程均应由监理工程师或建设单位项目技术负责人负责组织验收。验收前,施工单位先填好"检验批和分项工程质量验收记录表"(有关监理记录和结论不填),并由项目专业质量检验员和项目专业技术负责人分别在"检验批和分项工程质量验收记录表"中相关栏目签字,然后由监理工程师组织,严格按规定程序进行验收。

2)分部工程

　　分部工程应由总监理工程师(或建设单位项目负责人)组织施工单位项目负责人和技术、质量负责人等进行验收。地基与基础、主体结构分部工程的勘察、设计单位施工项目负责人及施工单位技术、质量部门负责人也应共同参加相关分部工程验收。

　　工程监理实行总监理工程师负责制时,分部工程由总监理工程师(或建设单位项目负责人)组织施工单位的项目负责人和项目技术、质量负责人及有关人员共同进行验收。因为地基基础、主体结构的主要技术资料和质量问题由技术部门和质量部门掌握,所以规定施工单位的技术、质量部门负责人参加验收是正确合理的,也是符合实际的。

　　由于地基基础、主体结构技术性能要求严格,技术性强,关系到整个工程的安全,因此规范中规定这些分部工程的勘察、设计单位施工项目负责人也应参加相关分部的工程质量验收。

3)单位工程

　　(1)单位工程完工后,施工单位应自行组织有关人员检查评定,并向建设单位提交工程验收报告。

　　单位工程完工后,施工单位首先要根据质量标准、设计图纸等组织有关人员进行自检,并对检查结果进行评定,符合要求后向建设单位提交工程验收报告和完整的质量资料,向建设单位申请组织验收。

　　(2)建设单位收到工程验收报告后,应由建设单位(项目)负责人组织施工(含分包单位)、设计、监理等单位的项目负责人共同进行单位(子单位)工程验收。

　　单位工程质量验收应由建设单位负责人或项目负责人组织,设计、施工单位负责人或项目负责人及施工单位的技术、质量负责人和监理单位的总监理工程师共同参加验收。

　　对满足生产要求或具备使用条件,施工单位已经预验、监理工程师已初验并通过的子单位工程,建设单位可组织进行验收。由几个施工单位负责施工的单位工程,其中的施工单位所负责的子单位工程已按设计完成,并经自行检验,也可按照规定的程序组织正式验收,办理交工手续。在整个单位工程进行全部验收时,已验收的子单位工程验收资料应作为单位工程验收的附件一起备案保存。

　　(3)单位工程有分包单位施工时,分包单位对所承包的施工项目应按标准规定的程序进行检查评定,总承包单位应派相关人员参加检查评定。分包工程完成后,应将工程有关资料移交总包单位。

　　由于《建设工程承包合同》的双方主体是建设单位和总承包单位,总承包单位应按照承包合同的权利义务对建设单位负总责。分包单位对总承包单位负责,也应对建设单位负责。因此,分包单位对承建的项目进行检验时,总包单位应参加。检验合格后,分包单位应将工程的有关资料移交总包单位,待建设单位组织单位工程质量竣工验收时,分包单位负责人也应参加验收。

（4）参加验收各方对工程质量验收意见不一致时,可请当地建设行政主管部门或工程质量监督机构协调处理,也可以请各方认可的咨询单位进行协调处理。

（5）单位工程质量验收合格后,建设单位应在规定的时间内将竣工验收报告和有关文件,报建设行政管理部门备案。

 ## 拓展与提高

工程质量事故的分类

（一）一般质量事故

凡具备下列条件之一者为一般质量事故:

（1）直接经济损失在5 000元(含5 000元)以上,不满50 000元的;

（2）影响使用功能和工程结构安全,造成永久质量缺陷的。

注意:一般质量事故由市、县级建设行政主管部门归口管理。

（二）严重质量事故

凡具备下列条件之一者为严重质量事故:

（1）直接经济损失在5万元(含5万元)以上,不满10万元的;

（2）严重影响使用功能或工程结构安全,存在重大质量隐患的;

（3）事故性质恶劣或造成两人以下重伤的。

注意:严重质量事故由省、自治区、直辖市建设行政主管部门归口管理。

（三）重大质量事故

凡具备下列条件之一者为重大质量事故:

（1）工程倒塌或报废;

（2）由于质量事故,造成人员死亡或重伤3人以上;

（3）直接经济损失10万元以上。

注意:重大质量事故由国家建设行政主管部门归口管理。

（四）特别重大质量事故

凡具备下列条件之一者为特别重大质量事故:

（1）一次死亡30人及其以上;

（2）直接经济损失达500万元及其以上;

（3）其他性质特别严重。

注意:特别重大质量事故由国务院按有关程序和规定处理。

思考与练习

(一) 单项选择题

1. 项目正式施工开始前,对项目施工各准备工作及影响项目质量的各因素和有关方面进行的质量控制属于(　　)。

    A. 事前控制　　　　　B. 事中控制　　　　　C. 事后控制　　　　　D. 施工组织设计

2. 当工程质量未达到规定的标准或要求,有十分严重的质量问题,对结构的使用和安全都将产生重大影响,而又无法通过修补办法给予纠正时,可以做出(　　)的决定。

    A. 修补处理　　　　B. 返工处理　　　　C. 限制使用　　　　D. 不做处理

3. 施工工序质量检查中,实测法的"量"指的是(　　)。

    A. 用直尺、塞尺检查墙面、地面、屋面等的平整度

    B. 用托线板以线锤吊线检查垂直度

    C. 用测量工具和计量仪表等检查断面尺寸、轴线、标高、湿度和温度等的偏差

    D. 以方尺套方,辅以塞尺检查

4. 对重要的检验项目,当可以采用简易快速的检验方法时,可选用(　　)。

    A. 计量抽样方案　　　　　　　　　　B. 多次抽样方案

    C. 调整型抽样方案　　　　　　　　　D. 全数检验方案

5. 建筑工程质量验收需要划分项目,其中(　　)是按主要工种、材料、施工工艺和设备类别等进行划分的。

    A. 单位工程　　　　B. 分部工程　　　　C. 分项工程　　　　D. 检验批

6. 由质量事故造成人员死亡或重伤 3 人以上的事故属于(　　)。

    A. 一般质量事故　　B. 严重质量事故　　C. 重大质量事故　　D. 特别重大质量事故

(二) 多项选择题

1. 高层建筑测量复核控制的重点是(　　)。

    A. 建筑物垂直度的检测　　　　　　　B. 皮数杆检测

    C. 施工过程中变形缝的检测　　　　　D. 吊车梁安装测量

2. 施工阶段质量控制过程中,对材料控制说法正确的是(　　)。

    A. 要对供货方质量保证能力进行评定

    B. 要建立材料管理制度,减少材料损失和变质

    C. 要对原材料、半成品和构配件进行标记

    D. 要加强材料检查验收

3. 在复测施工测量控制网时,应抽检(　　)。

    A. 楼层轴线检测　　　　　　　　　　B. 建筑方格网

    C. 控制标高的水准网点　　　　　　　D. 标桩埋设位置

4. 验收标准将建筑工程质量验收划分为(　　)几个部分。

A. 单位工程质量验收　　　　　　　B. 分部工程质量验收

C. 分项工程质量验收　　　　　　　D. 检验批质量验收

5. 建筑工程质量不符合要求时,下列说法正确的是(　　　)。

A. 经返工重做或更换器具、设备的检验批,应重新进行检验

B. 经有资质的检测单位检测鉴定能够达到设计要求的检验批,应予以验收

C. 经有资质的检测单位检测鉴定没达到设计要求,但经原设计单位核算认可能够满足结构安全和使用功能的检验批,可予以验收

D. 经返修或加固处理的分项、分部工程,由于改变了外形尺寸,虽然能满足安全使用要求,但不能予以验收

6. 地基与基础分部工程的质量验收应由(　　　)的技术、质量负责人共同参加验收。

A. 勘察单位　　　B. 设计单位　　　C. 监理单位　　　D. 施工单位

(三)判断题

1. 未经检验和验收不合格的原材料、半成品、构配件以及工程设备不能投入使用。

(　　　)

2. 对于现场工人来说,工作质量通常表现为工序质量。　　　　　　　　(　　　)

3. 由于不可抗力产生的变更不属于工程变更。　　　　　　　　　　　　(　　　)

4. 分项工程质量验收也称为质量竣工验收,是建筑工程投入使用前的最后一次验收。

(　　　)

5. 施工项目质量等级只有"合格",不合格的项目一律不予验收。　　　　(　　　)

6. 涉及结构安全的试块、试件以及有关材料,应按规定进行见证取样检测。(　　　)

7. 检验批是工程验收的最小单位,是分项工程乃至整个建筑工程质量验收的基础。

(　　　)

8. 分包单位对总承包单位负责,也应对建设单位负责。但是,分包单位对承建的项目进行检验时,总包单位可以参加。　　　　　　　　　　　　　　　　　　(　　　)

(四)问答题

1. 技术交底有哪些形式?

2. 何谓"工序"? 如何理解工序质量?

3. 施工项目可能有哪些工程变更?

4. 施工工序质量控制有哪些内容?

5. 单位工程质量验收合格应符合哪些规定?

6. 竣工验收报告书包括哪些主要附件?

考核与鉴定四

（一）单项选择题

1. 投资方的项目管理属于（　　）。

   A. 业主方的项目管理   B. 设计方的项目管理

   C. 施工方的项目管理   D. 供货方的项目管理

2. 设计交底由（　　）负责组织。

   A. 设计单位   B. 建设单位   C. 监理单位   D. 施工单位

3. 施工现场技术交底时，把交底内容写成书面形式向下一级有关人员交底的形式是（　　）。

   A. 书面交底   B. 会议交底   C. 口头交底   D. 挂牌交底

4. 厂房控制网测量复核属于（　　）。

   A. 民用建筑测量复核   B. 工业建筑测量复核

   C. 建筑测量复核   D. 管线工程测量复核

5. 建立材料管理制度属于（　　）。

   A. 测量控制   B. 材料控制   C. 机械设备控制   D. 环境控制

6. 当工程质量未达到规定的技术要求时，有十分严重的质量问题，对结构的使用和安全都将产生重大影响，而又无法修补纠正，可以做出（　　）的规定。

   A. 修补处理   B. 返工处理   C. 限制使用   D. 不做处理

7. 槽、坑、沟边（　　）以内不得堆土、堆料、停置机械。

   A. 1 m   B. 1.5 m   C. 2 m   D. 2.5 m

8. 施工作业面、楼板、屋面和平台面上，短边尺寸为（　　）的洞口必须预埋通长钢筋网片。

   A. 2.5～25 cm   B. 25 cm×25 cm～50 cm×50 cm

   C. 50 cm×50 cm～150 cm×150 cm   D. 150 cm×150 cm 以上

9. 造成3人以上10人以下死亡，或10人以上50人以下重伤或5 000万元以上1亿元以下直接经济损失的事故属于（　　）。

   A. 特别重大事故   B. 重大事故   C. 较大事故   D. 一般事故

10. 设计交底由（　　）负责组织。

   A. 建设单位   B. 设计单位   C. 施工单位   D. 监理单位

（二）多项选择题

1. 施工项目管理的"三控制"包括（　　）。

   A. 成本控制   B. 进度控制

   C. 质量控制   D. 与施工有关的组织与协调

2. 施工项目周期包括（　　）。

   A. 工程投标   B. 签订工程项目承包合同

C. 施工准备　　　　　　　　　　D. 施工以及交工验收

3. 施工项目管理的客体包括(　　　)。

A. 项目经理部　　　B. 施工对象　　　　C. 施工活动　　　　D. 生产要素

4. 地形地貌调查资料有(　　　)。

A. 工程建设地点的地形图　　　　　B. 水准点、控制桩的位置

C. 现场地形、地貌特征　　　　　　D. 地下古墓、地下河流及地下水水位

5. 施工质量控制包括(　　　)。

A. 事前准备　　　B. 事中准备　　　　C. 事后准备　　　　D. 都不是

6. 下列属于施工准备阶段质量控制的是(　　　)。

A. 施工组织设计　　　　　　　　　B. 工程测量控制质量

C. 工程变更　　　　　　　　　　　D. 质量教育与培训

7. 技术交底的内容有(　　　)。

A. 图纸交底　　　　　　　　　　　B. 施工组织设计交底

C. 分项工程技术交底　　　　　　　D. 环境交底

8. 下列检测手段属于目测法的是(　　　)。

A. 量　　　　　　　B. 摸　　　　　　　C. 照　　　　　　　D. 靠

9. 下列有关安全检查说法正确的是(　　　)。

A. 安全检查的目的是为消除隐患

B. 施工项目安全检查由安全员组织实施

C. 安全检查的重点是检查违章指挥和违章作业

D. 安全检查应采取随机抽样、现场观察和实地检测的方法进行检查

10. 施工准备阶段质量控制包括(　　　)。

A. 技术资料、文件准备的质量控制

B. 设计交底和图纸审核的质量控制

C. 测量控制

D. 材料控制

(三)判断题

1. 对设计、采购和施工任务综合的承包,设计单位的项目管理是建设项目总承包方的项目管理。　　　　　　　　　　　　　　　　　　　　　　　　　　　　　　(　　　)

2. 施工项目管理的主体是以项目经理为首的项目经理部,即作业管理层。　　(　　　)

3. 分包施工方可以代表施工方,与业主方、设计方、工程监理方等外部单位进行必要的联系和协调。　　　　　　　　　　　　　　　　　　　　　　　　　　　　　　(　　　)

4. 拆除施工现场的障碍物一般由建设单位完成,也可委托施工单位完成。　(　　　)

5. 作为一般平房,可以不到供水供电部门办理手续,只要把水源电源截断后即可进行拆除。　　　　　　　　　　　　　　　　　　　　　　　　　　　　　　　　　　(　　　)

6. 使用建筑红线桩前,要进行校核,且施工过程中要保护好桩位。　　　　(　　　)

7. 设计交底和图纸会审都由设计单位解释。　　　　　　　　　　　　　　(　　　)

8. 技术交底质量控制属于施工准备阶段质量控制范畴。　　　　　　　　　(　　　)

9. 工程测量和工程测量控制资料都是施工阶段质量控制内容。 （　　）

10. 单位工程开工前,应由设计人员向承担施工任务的负责人或分包人进行全面的技术交底。 （　　）

11. 对高层建筑,垂直度和变形缝检测是质量控制的重点。 （　　）

12. 由于不可抗力或双方事先未能预料而无法防止的事件发生,允许进行合理变更。 （　　）

13. 施工项目开工报告不是工程竣工验收的技术资料。 （　　）

14. 凡是隐蔽工程均应检查认证后方能掩盖。 （　　）

15. 施工项目质量等级只有"合格",不合格的项目一律不予验收。 （　　）

16. 建筑工程采用的主要材料、半成品、成品以及建筑构配件、器具和设备都应进行现场验收。 （　　）

17. 对检验批,只要主控项目和一般项目都符合检验规定要求,则质量合格。 （　　）

18. 施工员可以乘运土工具从挖孔桩上下。 （　　）

19. 高层建筑的箱型基础施工必须做专项支护设计,以确保施工安全。 （　　）

20. 安全带应高挂低用。 （　　）

21. 由于施工工作范围广,涉及专业工种和专业人员多,现场情况复杂以及施工周期长,因此现场的项目管理必须实行严格的责任制度。 （　　）

22. 施工场地内的障碍物拆除,一般是由建设单位完成的,有时也可委托施工单位完成。 （　　）

23. 施工工序质量检查目测法的手段可归纳为靠、吊、量、套4个字。 （　　）

参考文献

［1］李宏魁,詹红梅.建筑施工组织［M］.武汉:中国地质大学出版社,2014.

［2］严薇.土木工程项目管理与施工组织设计［M］.北京:人民交通出版社,1999.

［3］中国建设监理协会组织.建筑工程进度控制［M］.北京:中国建筑工业出版社,2002.

［4］陆惠民,苏振民,王延树.工程项目管理［M］.南京:东南大学出版社,2010.

［5］全国造价工程师执业资格考试培训教材编审组.建设工程技术与计量:土建工程部分［M］.北京:中国计划出版社,2009.

［6］郭清平.施工员专业管理实务(土建方向)［M］.北京:中国建筑工业出版社,2014.